Fiona Liebehenz

MAKING THE PACE

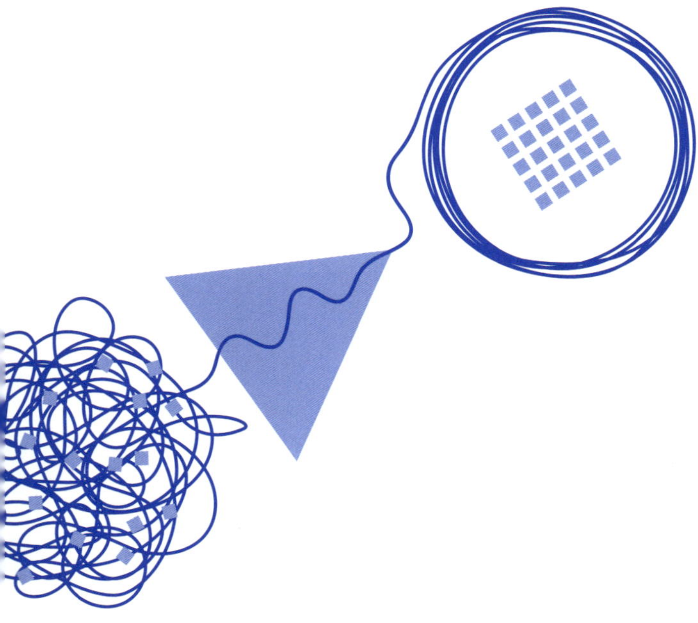

MAKING THE PACE

15 Prinzipien erfolgreicher Unternehmensführung in einer komplexen Welt

von
Fiona Liebehenz

VERLAG FRANZ VAHLEN MÜNCHEN

vahlen.de

ISBN Print: 978 3 8006 7334 6
ISBN E-Book (ePDF): 978 3 8006 7349 0
ISBN E-Book (ePub): 978 3 8006 7350 6

Wilhelmstraße 9, 80801 München
Druck und Bindung: Beltz Grafische Betriebe GmbH
Am Fliegerhorst 8, 99947 Bad Langensalza

Satz: Fotosatz Buck
Zweikirchener Str. 7, 84036 Kumhausen
Produktion: Sieveking Agentur, München
Umschlag: Ralph Zimmermann – Bureau Parapluie
Bildnachweis: Harry Stahl

myclimate
shape our future

vahlen.de/nachhaltig

Gedruckt auf säurefreiem, alterungsbeständigem Papier
(gebleicht aus chlorfrei gebleichtem Zellstoff)

Für alle, die mich über die letzten 37 Jahre beim Pacemaken befeuert, inspiriert und befähigt haben:

meine Familie, die mir starke Werte mitgegeben hat, vorlebt, auf die ich stolz und denen ich sehr dankbar bin,

mein toller und bunter Freundeskreis, auf den ich mich immer und überall verlassen kann,

meine bisherigen Teams, Kollegen, Vorgesetzten, Mentoren, von denen ich so viel lernen konnte …

… sowie allen weiteren Unterstützern auf meiner bisherigen Journey.

INHALTSVERZEICHNIS

MAKING THE PACE

MA.KING

/meɪ.kɪŋ/

Verb, Form: Present Progressive

Etwas Bleibendes herstellen, etwas in die Umsetzung bringen.

PACE

/peɪs/

Nomen

Die Geschwindigkeit, mit der sich jemand oder etwas bewegt bzw. etwas passiert oder sich verändert.

PACEMAKER

/ˈpeɪsˌmeɪ.kər/

Nomen

Person, die in einem Wettbewerb das Tempo vorgibt oder in einer Organisation durch ihren Erfolg Vorbild für andere ist.

»FRÜHER WAR ALLES VIEL EINFACHER«

Hamburg, im Jahr 1953.

»Herr Hansen, was darf's denn sein? Und wie geht es Ihrem Enkel?« Die 28-jährige Lotti strahlt den älteren Herrn über die Theke des Tante-Emma-Ladens hinweg an. Sie liebt ihre Arbeit als Verkäuferin. Sie kennt ihre Kunden, die Kunden kennen sie.

»Jo, geht ihm gut. Ich hätte gerne vom Kassler«, antwortet Herr Hansen.

»Oh, das tut mir leid: Kassler ist aus für heute«, erwidert Lotti bedauernd. »Da war vorhin ein Kunde da, der hat für eine Familienfeier unsere ganze Ware für heute gekauft. Aber nehmen Sie doch vom Prager Schinken – der hat ebenfalls eine tolle Qualität und ist wunderbar im Geschmack.«

»Wenn Sie das sagen, dann nehme ich den! Und sind die Kirschen süß, die Sie da haben?« Der Mann deutet auf einen Korb hinter Lotti.

»Aber sicher!« Sie angelt nach einer der Früchte und reicht sie ihm über die Theke. »Probieren Sie mal, direkt hier aus der Region: aus dem Alten Land.«

Hinter Herrn Hansen hat sich eine kleine Schlange gebildet. Zwei Kunden plauschen miteinander, ein dritter betrachtet geduldig die Auslage in der kleinen Käsevitrine. Eilig hat es keiner. Warum auch: An der Kasse müssen sie eh wieder warten.

Schließlich ist Herr Hansen mit allem versorgt. Lotti verabschiedet ihn freundlich und wendet sich der nächsten Kundin zu.

***

Hamburg, im Jahr 2022.

Lotti, weit in ihren 90ern, jedoch körperlich und geistig fit, betritt den Laden, in dem sie früher gearbeitet hat. Wiederzuerkennen ist dieser kaum: Er ist ungleich größer als früher. Die alles beherrschende Theke von damals ist schon lange ersetzt durch zahlreiche Regalreihen. Obst und Gemüse liegen appetitlich drapiert und offen da. Leise Musik rieselt durch die Lautsprecher. Auf einer Aktionsfläche wird eine Verkostung angeboten. Einige Kunden spazieren durch den Laden, viele picken nur eilig hier und da einen Artikel aus den Regalen, legen ihn in ihren Einkaufswagen.

Lotti zückt ihr Smartphone. Ihr Gerät hat sich schon automatisch mit dem W-Lan des Ladens verbunden, denn sie geht hier öfter einkaufen. Wie heißt noch mal die Creme, die diese bemerkenswert gepflegte Seniorin auf Instagram empfohlen hat? Seit ihr Mann verstorben ist, hat Lotti Social Media für sich entdeckt. Über einen Link aus dem Post heraus hat sie gesehen, dass »ihr« alter Laden heute genau diese Creme zu einem attraktiven Preis anbietet. Sonst hätte sie diese vermutlich direkt online bestellt.

Eine weibliche Stimme sagt: »Lotti?«

Die Seniorin schaut vom Display hoch. Vor ihr steht Johanna, die Tochter des früheren Ladenbesitzers. Lotti kennt sie noch als Baby.

Johanna war früh bei ihrem Vater eingestiegen, hatte den Laden noch gemeinsam mit ihm zum modernen Vollsortimenter ausgebaut und stetig weiterentwickelt.

Nach der Begrüßung sagt Lotti: »Liebes Kind, ich bewundere immer wieder, was ihr aus dem Laden gemacht habt. Es ist so angenehm geworden, hier einzukaufen.«

Johanna lächelt kurz, dann runzelt sie die Stirn: »Wer weiß, wie lange wir noch mithalten können. Was wir Einzelhändler inzwischen unseren Kunden alles bieten müssen, ist der Wahnsinn. Und die wollen immer noch mehr.«

Sie seufzt: »Ach, Lotti, früher war alles viel einfacher …«

TEIL I

LOSING THE PACE

Warum Unternehmen den Anschluss verlieren

Die alte Dame aus der Geschichte ist meine Großmutter. Ich weiß noch heute, mit welcher Leidenschaft sie mir stets von der Zeit erzählt hat, als sie noch als Verkäuferin tätig war – erst im Tante-Emma-Laden und später im Supermarkt. Ihre Begeisterung für den Handel hat mich in meiner Gedankenwelt und meinem Berufsweg sehr geprägt.

Warum ich Ihnen aber zu Beginn meines Buches diese Geschichte erzähle, hat einen anderen Grund: Sie versinnbildlicht für mich, wie tiefgreifend der Wandel im Handel in diesen 70 Jahren war – und welche massiven Auswirkungen dieser für die gesamte Wirtschaft hat.

Der Wandel im Handel

Ich selbst arbeite nun seit fast zwei Jahrzehnten mit dem oder im Handel und kann aus eigener Anschauung sagen: Das Tempo, in dem sich die Weiterentwicklungen vollziehen, hat sich stetig beschleunigt.

Unternehmen kommen gar nicht umhin, diese Temposteigerung und die damit einhergehende Transformation an sich wahrzunehmen. Diese allerdings strukturiert zu analysieren und zu durchdringen, um zu verstehen, welche weitreichenden Implikationen diese hat und wie ihr zu begegnen ist – dieser Herausforderung stellen sich meiner Beobachtung nach nur wenige konsequent.

Ich denke, auch deshalb bringt der Wandel so viele Unternehmen aktuell in große Bedrängnis: etablierte genauso wie neue Unternehmen, Unternehmen auf Seiten des Handels genauso wie der Industrie.

Diese Beobachtung beunruhigt mich sehr, denn meines Erachtens droht hier weiten Teilen der Wirtschaft existenzielle Gefahr. Ich sage das vor dem Hintergrund, dass ich im Laufe meines beruflichen Werdegangs Erfahrungen in den unterschiedlichsten Branchen- und Funktionsfeldern sowohl im B2B- als auch B2C-Bereich gewinnen konnte.

Mein Erfahrungshintergrund

Meine Karriere startete ich bei Unilever, einem der weltweit größten Konsumgüterhersteller. Hier lernte ich zunächst während eines anspruchsvollen Dualen Studiums sämtliche Funktionsbereiche und insbesondere Vertrieb, Marketing und Handel kennen, sowohl in der Tiefe und von der Pike auf, als auch in einer großen Branchen- und Markenbreite: Unilever ist nicht nur im Lebensmittelbereich aktiv, sondern auch führend in Personal- und Home-Care-Kategorien.

Dort übernahm ich zudem meine erste Führungsposition. Schon damals entdeckte ich meine Begeisterung für holistische Strategien und deren nachhaltige Umsetzung sowie das ganzheitliche Denken der Sales- und Marketingfunktion. Ich erfuhr darüber hinaus hautnah, wie sehr sich Trends direkt auf meine Arbeit auswirken. So kam es, dass ich bei Unilever eine der Ersten war, die sich mit dem Thema eCommerce und Digitalisierung beschäftigte: Im Rahmen meiner Verantwortung für den größten Händler in Deutschland, der Edeka-Gruppe und Region Nord, durfte ich frühe Pilotversuche im Online-Handel unternehmen.

Anschließend widmete ich mich als Category Leader für Home Care dem gesamten Marken-Portfolio inklusive Brand Building, Produktmanagement, Kommunikation und lokaler Produktentwicklungstätigkeiten. Das ging bis zur gemeinsamen Definition des Go-to-Markets mit den entsprechenden Trade-Marketing-Abteilungen. Mein Hauptaugenmerk lag darauf, zusammen mit meinem Team nah am Konsumenten zu sein, um ein erfolgreiches Portfolio aus globalen und lokalen Produkten zusammenzustellen, die Marken richtig zu positionieren, sie 360° Grad zu vermarkten und zielgruppengerecht zu distribuieren.

Von dieser Position aus zog es mich zunächst auf die »andere Seite« in die Einkaufsleitung beim Handels- und Technologie-Riesen Amazon: Dort ging es darum, die Zusammenarbeit mit den Dutzenden von Lieferanten der jeweiligen Kategorie, Pets wie Personal Care Appliances, zu gestalten. Darüber hinaus gehörte zu meiner Verantwortung, dass die Umsatz- und Profitziele erreicht wurden, die Webseite User-Experience-freundlich entwickelt wurde, neue Partnerschaften geknüpft sowie die Abläufe so effizient wie möglich gestaltet wurden. Ich habe quasi im Maschinenraum gestaltend miterlebt, wie der Retail den Trends und Bedürfnissen der Konsumenten gerecht werden kann – und welchen Fokus und welche konzertierte Anstrengung es für den Handel bedeutet, mit dem Wandel Schritt zu halten.

Anschließend wechselte ich zurück in die Industrie: Bei Bosch Power Tools übernahm ich die Verantwortung, das eCommerce-Geschäft für den Profi-Bereich konsequent auszubauen und eine dynamische Entwicklung in Gang zu setzen. Während ich dieses Buch schreibe, arbeite ich als Global Vice President an der Aufgabe, konzernweit für Bosch ein Wachstumsprogramm mit Fokus auf der Ausschöpfung zukunftsweisender Geschäftschancen strategisch zu konzipieren und operativ zu etablieren. Denn alle Geschäftsbereiche des Unternehmens stehen vor der Herausforderung, mit dem aktuellen Wandel Schritt zu halten.

Mit diesem Schritt-Halten bzw. Takt-Vorgeben setze ich mich darüber hinaus in meinen Engagements in verschiedenen Verbänden und Netzwerken auseinander, wie zum Beispiel als Mitglied im Wirtschaftsbeirat der Gesellschaft für Informatik.

Die Transformation im Markt vollzieht sich schließlich überall. Und sie vollzieht sich schnell.

Warum ich dieses Buch schreibe

Weil das Tempo der Veränderung so hoch ist, ist die Dringlichkeit zum Handeln in den Unternehmen massiv. Zeitgleich nehme ich wahr, dass in vielen Unternehmen ein großes Fragezeichen herrscht, wie dieser Wandel zu meistern ist: Wie man zu der neuen Pace aufschließt, wie man diese Pace hält und schlussendlich selbst wieder zum Pacemaker wird, der Tempo und Takt in der eigenen Branche setzt.

Genau deshalb schreibe ich dieses Buch.

Es ist fünf vor zwölf oder vielleicht sogar schon drei vor zwölf für viele Unternehmen – in Deutschland wie international. Mein Anliegen ist es, Ihnen als Person mit Gestaltungswillen Impulse zu geben, wie Sie die Herausforderungen Ihres Unternehmens oder Ihres Bereichs meistern und sich langfristig erfolgreich aufstellen können: von der individuellen Ausgangslange mittels einer dynamischen Fundierung hin zu einem neuen stabilen Kontinuum.

Diese Impulse können Sie nutzen, unabhängig davon, ob Ihr Unternehmen auf der Industrie- oder auf der Handelsseite steht, ob Sie B2B- oder B2C-Geschäft betreiben oder an welchem Punkt in Ihrer Transformation Sie aktuell stehen. Was Sie in diesem Buch lesen, gilt für alle gleichermaßen.

Warum sich dieses Buch für Sie lohnt

Sie werden nach der Lektüre des ersten Teils dieses Buches verstehen:

- wie sich dieser Wandel genau vollzieht und greift,
- was die Ursache und die Einflussfaktoren für diese Entwicklungen sind,
- warum die Veränderungsgeschwindigkeit sich noch weiter beschleunigen wird,
- welche sichtbaren und noch unsichtbaren Implikationen und Komplexitätssteigerungen dies mit sich bringt,
- warum Unternehmen dadurch ins Risiko geraten, abgehängt zu werden und
- vor welchen konkreten Herausforderungen Unternehmen stehen, wenn sie wieder aufschließen wollen.

Vor diesem Hintergrund leite ich für Sie im Teil II 15 Prinzipien für die 3 Komponenten Strategie – Struktur – Führung ab. In diesem Dreiklang können Sie den Herausforderungen systematisch und systemisch begegnen und Ihr Unternehmen von BRINGING UP TO PACE über KEEPING THE PACE hin zu SETTING THE PACE entwickeln. Diese Prinzipien habe ich in den letzten Jahren erfolgserprobt. Sie haben sich in der Praxis bewährt, greifen umfassend und wirken wie ein sich selbstverstärkendes Kontinuum.

Wichtig ist mir zu sagen: Diese Prinzipien sind nicht als 1:1-Gebrauchsanleitungen gedacht. Erfolgsentscheidend ist, dass Sie diese Prinzipien auf Ihr eigenes Umfeld adaptieren. Nur so stellen Sie die Passung her, die nötig ist, damit die Prinzipien in Ihrem Unternehmen wirken.

Falls Sie sich nun noch fragen, warum dieses Buch »MAKING THE PACE« heißt …

Die Pacemakerin

Meine persönliche Passion ist das Schlagzeugspielen. Zwischen dem Spielen der Drums und der Vorgehensweise, wie man in einem Unternehmen eine erfolgreiche Transformation angeht und umsetzt, habe ich viele Parallelen entdeckt. Bei beidem geht es darum, die richtige Geschwindigkeit sowie den richtigen Takt zu setzen, zu halten und vorzugeben. Es geht darum, alle entsprechend zu mobilisieren, sie zu befähigen und den Beat kontinuierlich umzusetzen. Denn die Transformation ist ein dynamischer Prozess über ein langes Konzert hinweg. Ähnlich wie in einer Band, in der ich als Schlagzeugerin je nach Anforderung der Songs, der weiteren Bandmitglieder oder des Publikums Rhythmus und Tempo variiere, um die volle Wirkung für das Gesamtklangerlebnis zu erzielen, bin ich als Führungskraft in der

Transformation gefordert, mein Handeln in Abstimmung mit dem Umfeld zu setzen. Ich muss ebenfalls anpassen, beschleunigen, vielleicht mal sanft abbremsen oder eine künstlerische Pause einlegen – immer mit dem Ziel, die volle Wirkung für die Gesamterfolgsleistung zu entfalten.

Damit Sie für Ihr Unternehmen die richtige Pace entwickeln, vorgeben, wahren, umsetzen und damit wieder einen Vorsprung entwickeln können, habe ich dieses Buch geschrieben.

Erlauben Sie mir noch einen Hinweis: Selbstverständlich möchte ich Sie als Leserin, Sie als Leser gleichermaßen ansprechen, ebenso wie ich eine Befürworterin der geschlechtsgerechten Formulierungen bin. Falls ich gelegentlich der Lesbarkeit zuliebe darauf verzichte, heißt das nicht, dass nur das eine Geschlecht gemeint ist – alle sind grundsätzlich inkludiert.

Doch nun zur Pace: Bevor ich mit Ihnen dazu komme, was die richtige Pace ist und wie sie sich umsetzen lässt, will ich Ihnen zunächst schildern, was konkret die aktuelle Pace Ihres Unternehmens herausfordert …

feel the beat!!!

Kapitel 1

ANGEGRIFFEN

Lassen Sie mich in diesem Kapitel anhand von zwei konkreten Beispielen aus meinem Leben skizzieren, wie und wo Unternehmen aus Industrie und Handel bereits angegriffen wurden und weiterhin werden. Wir zoomen direkt in den Angriff hinein. Schildern werde ich Ihnen das Einkaufsverhalten der Kunden bzw. Konsumenten des Unternehmens, um Ihnen anschließend aufzuzeigen, worin das Attackieren des jeweiligen Geschäftsmodells besteht. Und mit welcher Geschwindigkeit sich der Angriff jeweils zur echten Gefahr entwickelt hat.

Um Ihnen die Bandbreite des Wandels vor Augen zu führen, wähle ich das eine Beispiel aus der Welt des B2B, das andere aus der Welt des B2C. Deshalb spreche ich in dem einen Beispiel korrekterweise vom »Kunden« – der wirtschaftliche Güter bzw. Leistungen kauft und ge- und/oder verbraucht, um seine eigenen Produkte herstellen oder Dienstleistungen anbieten zu können. In dem anderen Beispiel definiere ich den Käufer als »Konsumenten« – der die wirtschaftlichen Güter bzw. Leistungen für sich selbst kauft und nutzt. Um es nicht komplizierter als nötig zu machen, unterscheide ich jedoch nicht zwischen Shoppern und Konsumenten bzw. Einkäufern und Kunden.

Zoom in: Einkaufsverhalten B2B

Das B2B-Beispiel spiegelt mein jüngeres berufliches Umfeld bei einem großen Industrieunternehmen wider, das unter anderem Markenartikel von professionellen Werkzeugen für die Baubranche anbietet. Zu den Kunden gehören handwerkliche Ein-Personen-Betriebe genauso wie große Bauunternehmen.

Als exemplarischen Kunden greife ich ein mittelgroßes Bauunternehmen heraus, das in Deutschland ansässig ist und international agiert. Wie sieht dessen Einkaufssituation heute aus?

Üblicherweise kauft das Unternehmen zentral und direkt vom Hersteller ein. Ansprechpartner sind »Direct-to-User«-Außendienstmitarbeitende und Tool-Spezialisten, die darüber hinaus die Beratung sicherstellen. Hier gibt es Rabatte auf Mengenkauf und Serviceverträge, in denen geregelt wird, wie mit Verschleiß, mit Wartung oder mit Fleet-Management umgegangen wird. Hier können die Tools praktisch direkt in einen digitalen Katalog beziehungsweise Datenbanksystem übertragen werden, die das Management des Inventars erleichtert.

Geht es dagegen um Nachkäufe auf den internationalen Baustellen, haben oft entweder lokale Einkäufer oder die Handwerker auf der Baustelle selbst die Möglichkeit, dies über ein Firmenkonto bei einem Online-Händler wie Amazon Business zu tun. Solche Händler können bei üblicherweise vollständigem Sortiment schnelle Zustellungszeiten sichern. Letzteres ist essenziell, da lange Wartezeiten gleichbedeutend sind mit langen Stillständen und auf der Baustelle jede Stunde zählt. Liefe die Bestellung – wie früher – über den zentralisierten Einkauf und den Hersteller, würde der Prozess in der Regel viel zu lange dauern.

Dieser Einkaufsprozess gilt für die Werkzeuge. Da ein Tool ohne Zubehör jedoch nutzlos ist, beispielsweise ein Akkubohrer ohne funktionstüchtigen Bohrer ein Ausfall, wird das Bauunternehmen dieses Zubehör regelmäßig nachkaufen müssen: Wie sieht dieser Einkauf aus?

Zubehör wird entweder im Impuls im Fachgeschäft nachgekauft, wo meist ein eigenes Regal dafür vorhanden ist und Marken wie Eigenmarken angeboten werden. Oder – und das wird aus Convenience-Gründen immer relevanter – das Zubehör wird im Abo-Modell á la »Subscribe & Save«, beim Händler online bezogen: Ist ein Bohrer erfahrungsgemäß alle vier Wochen verschlissen, wird diese Zustellfrequenz abonniert und dann alle vier Wochen ein neuer Bohrer direkt geliefert. Solch eine Vereinbarung kann darüber hinaus deswegen praktisch sein, weil beim Launch eines neuen Produkts, also zum Beispiel einer neuen innovativeren Serie, das bestehende Abo direkt mit dem Nachfolgeartikel erneuert wird – der Kunde muss sich, abgesehen von einem Bestätigungsklick, nicht darum kümmern.

Und das ist noch nicht das Ende: Vom Aufkommen von Liveshopping, Virtual Reality und eventuell dem Industrial Metaverse verspricht sich das

Bauunternehmen für die nahe Zukunft noch weitere Erleichterungen beim Einkauf und bei Services.

Sie sehen: Das Bauunternehmen kauft die benötigten professionellen Werkzeuge jeweils dort ein, wo es für die Organisation am effektivsten und effizientesten ist. Dies bedeutet für den Markenartikelhersteller seit den 2000er Jahren eine deutlich höhere und steigende Komplexität gegenüber der Zeit von vor etwa 30 Jahren, als er »einfach nur« seine Ware zum Bauunternehmen oder stationären Händler gebracht und dort abgeladen hat. Damals war dies ausreichend. Doch spätestens seitdem die neuen Möglichkeiten um die Jahrtausendwende Fahrt aufgenommen haben und es mit der Zahl der Kanäle Schlag auf Schlag geht, muss sich der Markenartikelhersteller mit den Themen eCommerce, Omnichannel und Abo-Verkäufe befassen.

Heute muss das Unternehmen neben dem Außendienst und den Tool-Spezialisten sicherstellen, dass es als Marke alle weiteren relevanten Touchpoints bedient und spezielle, differenzierte Kaufoptionen unterstützt. Und für all diese Touchpoints und Kaufoptionen müssen die Produkte gelistet, distribuiert, mit relevanten Inhalten beworben und ansprechenden Preispunkten versehen werden, um erhältlich und sichtbar zu sein. Das ist aufwendig, anstrengend und deutlich ressourcenintensiver als vorher – für das potenziell selbe Verkaufsvolumen.

Soweit der B2B-Bereich. Lassen Sie uns jetzt auf den B2C-Bereich schauen. Dafür nehme ich Sie da hin mit, wo ich für meine Leidenschaft, die Musik, stöbere.

Zoom in: Einkaufsverhalten B2C

Für waschechte Schallplatten gehe ich nach wie vor ins »Back Records – Vinyl« auf St. Pauli in meiner Heimatstadt Hamburg. Das ist ein Fachgeschäft für Vintageplatten. Es bietet mir, neben dem Nostalgieeffekt, eine große Auswahl an Retroplatten und zusätzlich Tipps der Inhaber zu spannenden Neuerscheinungen.

Abseits der Platten höre ich Musik seit 2017 praktisch nur noch im Streaming-Abo bei Amazon Prime Music oder Spotify. Ich stelle mir zwar, anders als viele andere, keine eigenen Playlists zusammen, aber ich mag die Möglichkeit, Musik verschiedener Interpreten aus bestimmten Genres genau dann zu hören, wenn ich Lust darauf habe. Oder Endlosschleifen von meiner Lieblingsband. Oder ab und zu gezielt Musik, die meinen Favoriten-Interpreten ähnlich ist, um Neues kennenzulernen. Die schiere Auswahl an Musik und Höroptionen macht hier für mich den Unterschied.

Für das Live-Musikerlebnis kaufe ich Konzerttickets je nach Vorplanung entweder an der Abendkasse oder aber seit rund zehn Jahren vorab online direkt beim Musikclub. Letzteres hat den Vorteil, dass ich diesen Link gleich noch an Familie und Freunde weiterschicken kann. Ähnlich halte ich es seit 2019 mit meinem Probenraum.

Meine Drumsticks und alles andere an Zubehör kaufe ich ebenfalls seit einigen Jahren am liebsten online, vorzugsweise bei Thomann, Europas größtes Online-Musikhaus. Für mich als leidenschaftliche Hobbymusikerin ist es nämlich sehr hilfreich zu sehen, wie viele andere ein Produkt gekauft und welche Bewertung sie dazu abgegeben haben: Halten die Sticks etwas aus oder brechen sie bereits nach den ersten Beats?

Als Konsumentin im Musikbereich hat das Einkaufen heute für mich einen riesigen Mehrwert gegenüber der Zeit vor über 25 Jahren, als ich meine Leidenschaft entdeckte. Damals spielte sich alles in wenigen Fachgeschäften und Kaufhäusern ab, ich musste mich richtiggehend auf die Suche begeben, um das zu finden, was ich wollte. Und für Tickets musste ich an die Theaterkasse, die klassischerweise nur am Samstag zwischen 10.00 und 14.00 Uhr geöffnet hatte. Ich persönlich bin schon sehr gespannt darauf, die Umsetzung neuer Trends ausprobieren zu können: von Conversational Shopping, bei dem Interaktion und Beratung im Online-Handel skalierbar ermöglicht wird, bis hin zu Immersive-Commerce-Angeboten, bei denen Gaming, Musik und Commerce verschmelzen.

Die Produzenten- und Händlerseite im Musik-B2C-Geschäft stellt dieser Wandel vor ähnliche Herausforderungen wie andere B2B-Unternehmen: Ihr Aufgabengebiet ist deutlich umfangreicher und komplexer geworden. War es in der Vergangenheit relativ einfach, ein Produkt wie ein Instrument oder einen Tonträger auf die Fläche zu stellen und auf die Käuferschaft zu warten, müssen sie heute unter anderem zusätzlich performante Online-Plattformen aufbauen. Dafür müssen sie entweder die entsprechende Logistik mit ihren hohen Anforderungen im Transport gewährleisten oder ihre Produkte komplett digitalisieren.

Darüber hinaus ist Musik eine Kategorie, die eine gewisse Emotionalität erfordert – falls Sie Musikliebhaber sind, werden Sie das nachvollziehen können. Ein reines Abbilden des Offline-Kaufens online ist daher nicht zielführend. Daher müssen wohldurchdachte, erlebbare Konzepte entwickelt werden. Nur so gelingt es, entsprechend Traffic auf die Online-Kanäle zu bringen und die Conversion zum Kauf sicherzustellen.

An den Anbietern in der Musikbranche zeigt sich inzwischen sehr deutlich: Wer nicht diese »Angriffe« schnell genug auf das traditionell eindimensionale Geschäftsmodell pariert, hat zumindest stark gelitten – wenn es ihn überhaupt noch gibt. Wer sich als Store zum Beispiel allein auf der A-Lage seines Ladengeschäfts ausruhte, hat gemerkt, dass dieser Vorteil online irrelevant ist. Der Laden in der C-Lage konnte online problemlos links vorbeiziehen.

Mit diesen Beispielen aus B2B und B2C, aus Industrie und Handel habe ich mit Ihnen nun hereingezoomt in den Wandel und die daraus erwachsenden Herausforderungen, vor denen die Unternehmen stehen. Bevor ich im nächsten Kapitel darauf eingehe, was hinter diesem Wandel steckt, was die Ursache und die Treiber sind, lassen Sie mich die Blende noch einmal ganz aufziehen.

Zoom out: Wandel in der Gesellschaft

Auch wenn es den meisten gar nicht bewusst ist, nimmt der Einkauf von Produkten – geschäftlich wie privat – im Alltag einen erheblichen Teil unserer Ressourcen in Beschlag. Wandelt sich der Handel und mit ihm die Geschäftsmodelle und unsere Einkaufsoptionen, hat das Einfluss auf die Wertschöpfungskette im Ganzen. Sie verändert sich – und nicht nur sie. Es verändert sich das gesamte gesellschaftliche und soziale Setting.

Denn wenn durch den Wandel der einzelne Konsument oder Kunde auf einmal weniger Ressourcen in den Einkaufsprozess investieren muss, bleibt mehr davon zu seiner oder ihrer freien Verfügung. Es ist heute bereits zu beobachten, dass sich das Sozialverhalten, vor allem die Nutzung von Zeit für andere Dinge, in der Gesellschaft unter diesen neuen Bedingungen verändert hat. Mehr Muße für die Selbstverwirklichung ist das Stichwort.

Das hat weitreichende Implikationen, auf die ich im Kapitel 2 noch zu sprechen kommen werde.

KEY TAKE-OUTS

- Unternehmen im B2B- und B2C-Bereich werden gleichermaßen attackiert:
  - Im B2B dominierte lange der klassische Vertrieb über Fachhandel und Außendienst. Doch dieses Geschäftsmodell wurde und wird massiv angegriffen durch neue Geschäftsmodelle, Online-Händler und technologiegestützte hybride Verkaufsmöglichkeiten.
  - Im B2C ist diese Transformation bereits deutlich weiter vorangeschritten. So wurde und wird der Einkauf in Fach- und Einzelhandel durch immer neue Geschäftsmodelle, digitale Produkte und Verkaufskonzepte empfindlich tangiert.

- Die neuen Modelle lösen die alten jedoch nicht ab, sondern ergänzen sie. Dadurch werden Marketing und Vertrieb vielschichtiger, komplexer und komplizierter.

- Da im B2C die Einkaufsprozesse weniger standardisiert und Produktlebenszyklen oft kürzer sind, hat der Wandel dort einen temporären Vorsprung.

- Die beschriebenen disruptiven Veränderungen führen nicht nur zum Wandel im Handel, sondern auch zum Wandel in der Gesellschaft. Auf Kunden- und Konsumentenseite werden Ressourcen freigesetzt, was einen gesellschaftlichen Wandel im Sozialverhalten nach sich zieht.

Kapitel 2

ABGEHÄNGT!

Handel ist Wandel – das galt schon immer. Doch wie Sie in Kapitel 1 lesen konnten, sehen sich die Unternehmen heute einer Bewegung von nie da gewesener Größenordnung gegenüber. Die Veränderungsgeschwindigkeit hat sich vervielfacht, oft exponentiell.

Doch was ist der Verursacher dieses Wandels? Was treibt ihn? Was führt überhaupt dazu, dass laufend mehr Unternehmen ins Risiko laufen, abgehängt zu werden?

Ursachensuche

Die gängige Antwort kennen Sie sicher: Der rasante Fortschritt der technologischen Möglichkeiten sei die Ursache für die Veränderungen.

Doch ist das so? Ich denke, nein. Ich denke, dass diese Erklärung zu kurz greift.

Der technologische Fortschritt spielt zweifellos eine Hauptrolle in diesem Geschehen. Er ist das Mittel zum Zweck, das den Wandel ermöglicht – er ist der Enabler. Dessen Verursacher ist er jedoch nicht. Dieser ist aus meiner Sicht etwas anderes. Oder besser gesagt: jemand anderes.

Es sind die Kunden und Konsumenten mit ihren wachsenden Ansprüchen – also wir alle.

In diesem Kapitel zeige ich Ihnen, was mich zu dieser Erkenntnis bringt und warum es so entscheidend ist, die wirkliche Ursache und ihr Wirken zu verstehen. Dieses Verständnis ist aus meiner Sicht die Voraussetzung dafür, die fortschreitende Komplexität der Vertriebs- und Marketingkanäle sowie ihrer Möglichkeiten zu erfassen, diese erfolgreich zu nutzen und zu antizipieren.

Dazu lade ich Sie zunächst ein auf eine Zeitreise aus Sicht der Kunden/Konsumenten. Versetzen wir uns 70 Jahre zurück …

Einkaufen ab den 1950ern

Die Einkaufsmöglichkeiten, die Konsumenten in den 1950er-Jahren haben, beschränken sich weitgehend auf den stationären Fachhandel á la Tante Emma.

Diese Läden folgen in den ersten Jahren noch strikt dem Konzept der klassischen Wochenmärkte: Alle Waren befinden sich hinter einer Theke. Eine mehr oder weniger freundliche Person hinter dieser Theke fragt die Kunden nach ihren Wünschen, konfektioniert die Produkte und reicht sie ihnen. Ein Produkt erst einmal anfassen und dann die Kaufentscheidung treffen? Das ist nicht vorgesehen und maximal auf Verlangen möglich.

Selbstverständlich haben die Geschäfte nur zu bestimmten Zeiten offen. Die Kunden müssen also die Öffnungszeiten checken und ihren Tagesablauf auf den Einkauf abstellen.

Die Läden verfügen nur über eine geringe Auswahl von Produkten. Die Konsumenten müssen sich damit zufriedengeben, was da ist.

Und da die Person hinter der Theke stets nur eine Person vor der Theke bedienen kann, müssen sie sich auf Wartezeiten einstellen.

Das ändert sich zumindest zum Teil in den 1960er Jahren: Selbstbedienungsläden kommen auf.

Einkaufen ab den 1960ern

Nun dürfen und müssen sich die Kunden ihre Produkte selbst in den Regalen suchen. Das erspart ihnen zwar die Warteschlange vor der Theke, dafür stehen sie nun an der Kasse an. Nach Hause transportieren müssen sie ihre Waren nach wie vor selbst.

Für weite Teile des B2B-Bereichs gilt Ähnliches. Selbst dort, wo der B2B-Handel mit Außendiensten organisiert ist, werden die Kunden vom Außendienstmitarbeitenden bei anderen Tätigkeiten »gestört«, müssen wertvolle Zeit für das Gespräch aufwenden und dann auf die Produktlieferung warten.

Convenient für die Kunden ist diese Einkaufswelt kaum. Aber: Es gibt eben keine Alternative.

Das gilt solange, bis in den 1990er Jahren eine Form des Einkaufens massentauglich wird, die viele der Nachteile aufhebt: das Online-Shopping. Kein Wunder also, dass die Kunden schnell begeistert sind …

Einkaufen ab den 1990ern

Mit diesem neuen »Electronic Commerce« können sie auf einmal sieben Tage die Woche rund um die Uhr nach Produkten aller Branchen suchen – mit einer bis dato kaum bekannten Sortimentsbreite und -tiefe.

Sie können die Bandbreite der Angebote vergleichen. Sie können die Bewertungen von anderen Kunden dazu lesen, denen sie vielleicht mehr vertrauen als den Aussagen des marken- oder händlerspezifischen Verkaufsberaters im Ladengeschäft.

Sie können beim Online-Shopping die Produkte mit einem Klick in einen Einkaufskorb legen und – ohne Warten in der Schlange – den Bezahlprozess erledigen. Und die Produkte werden ihnen im Anschluss an eine Adresse ihrer Wahl geliefert.

Schnell stellen die Konsumenten fest: Das ist so viel energie- und zeitsparender, als wenn sie im lokalen Fachhandel einkaufen! Diesen suchen sie daher immer seltener auf. Das gilt zunächst für die privaten Einkäufe und – nachdem der B2B-Sektor langsam nachzieht – auch für die Einkäufe, welche die Kunden für ihren Betrieb erledigen.

Hinzu kommen in den 2010er-Jahren Angebote der ultraschnellen Zustellung – same-/next-day-delivery – oder der Abholung des vorkonfektionierten Einkaufs in einer Filiale der Wahl – click-and-collect.

Und damit kommen wir mit unserer Zeitreise im Heute an: Den Konsumenten bieten sich inzwischen noch vielfältigere und direktere Einkaufsmöglichkeiten – und zwar vor allem dort, wo sie sowieso inzwischen viel Zeit verbringen.

Einkaufen ab den 2020er-Jahren

Social-Media-Plattformen sind für Konsumenten nicht mehr wegzudenken. Dort entdecken sie direkt im Kontext Produkte, die sie interessieren. Und es genügt oft eine einzige Fingerbewegung, um aus dem Instagram-Post, dem TikTok-Video, dem YouTube-Livestream heraus, dieses Produkt in ihren Einkaufskorb zu legen und zu bestellen.

Aus »Electronic Commerce« hat sich eine erweiterte Form von eCommerce entwickelt: der »Everywhere Commerce«. Hier wird jede Interaktion zur Transaktion.

Die Konsumenten können ihrer Begeisterung für ein Produkt umgehend Ausdruck verleihen, sie sparen sich die langwierige Suche nach dem passenden Anbieter. Die Zeit, die sie für den Bestellprozess aufwenden müssen, ist maximal verkürzt. Ihr Einkauf läuft noch intuitiver, sie brechen ihn noch seltener ab.

Besser geht es nicht. Oder doch?

Wenn Sie mich fragen, ist die Entwicklung noch lange nicht zu Ende. Dabei zeichnen sich heute schon zwei Strömungen für den Einkauf der – nicht mehr so fernen – Zukunft ab. Die eine ist die weitere Minimierung von sensorischen Kaufbarrieren durch neue Technologien. Die zweite ist die radikale Optimierung der Angebote durch Künstliche Intelligenz (KI) kombiniert mit vertikaler Integration entlang der Wertschöpfungskette.

Einkaufen ab den 2025ern: Feel me, touch me

So wünschen sich Konsumenten bei vielen Produkten, sie vorher haptisch oder sensorisch prüfen zu können. Ist die Tomate wirklich frisch? Fühlt sich der Pullover so angenehm an, wie er aussieht? Liegt die Bohrmaschine gut in der Hand?

Um diesen »Need for Touch« zu befriedigen, wird es zukünftig Geräte bzw. integrierte Komponenten in zum Beispiel Laptops geben, die Schallwellen an die über das Gerät gehaltene Hand aussenden. Dadurch können die Konsumenten das Gefühl eines Materials oder einer Form nachempfinden.

Weitere vielversprechende Technologien sind Augmented Reality und Virtual Reality. Mit ihrer Hilfe lassen sich Produkte in 3D-Hologramme übersetzen und in die reale Welt des Konsumenten einpassen, zum Beispiel in dessen Wohnzimmer oder auf eine Baustelle. In einem 360°-eCommerce-Store können sich die Kunden die Produkte über Videos in 3D-Anwendung ansehen. In einem physischen Geschäft versetzen sie sich mit Hilfe einer 3D-Brille in ein Hologrammvideo hinein und erleben das Produkt im Kontext. Technologisch wird es sogar möglich sein, diesen Kontext auf die individuelle Situation des einzelnen Konsumenten zuzuschneiden, also eine Hyperpersonalisierung.

Schon diese erste Strömung wird für weitreichende Veränderung im Handel sorgen. Eine noch tiefgreifendere Umwälzung könnte die zweite Strömung auslösen.

Einkaufen ab den 2025ern: Wie für mich gemacht

Mit Hilfe von KI können Unternehmen in Echtzeit Trendanalysen durchführen, ihre Sortimentsplanung entsprechend ausrichten sowie – und das ist das eigentlich neue – sofort in die physische Produktwelt umsetzen. Das gelingt dank der vertikalen Integration von Produktionspartnern, die direkt in kleinen Chargen produzieren, unterstützt von der Einbindung von Conversational Commerce, wie es zum Beispiel das Berliner Start-up Charles bietet. Die Kunden erhalten auf diese Weise kontinuierlich individueller auf sie ausgerichtete Angebote und Produkte.

Die beiden chinesischen Unternehmen Shein und vor allem Temu zeigen als Newcomer auf dem europäischen Markt, was auf diese Weise mit KI heute schon möglich ist. Und das ist erst der Anfang.

Sie müssen kein Hellseher sein, um voraussagen zu können, dass so weitere, immer vernetztere und integrierte Einkaufsformen und Vertriebskanäle entstehen werden.

Das wird so sein, weil zum einen die Vielfalt, zum anderen die individuell zugeschnittenen Formen der Absatzkanäle die Bedürfnisse der Konsumenten noch besser erfüllen als die bisherigen Angebote.

Das Bemerkenswerte an dieser Entwicklung: Die Bedürfnisse der Konsumenten sind im Grunde über die gesamte Zeit hinweg die gleichen geblieben. Sie sind und bleiben die eigentlichen Verursacher des Wandels.

Lassen Sie uns diese Bedürfnisse deshalb genauer anschauen.

Convenience: die große Klammer

Der US-amerikanische Psychologe Abraham Maslow hat über alle kulturellen Grenzen hinweg die menschlichen Bedürfnisse analysiert und – absteigend nach existenzieller Dringlichkeit – in einer Bedürfnispyramide zusammengefasst. Danach strebt jeder Mensch nach der Erfüllung aller fünf Ebenen.

Bei den meisten Menschen in den Industrienationen sind die unteren vier Bedürfnisebenen weitgehend erfüllt, also physiologische Bedürfnisse, Bedürfnis nach Sicherheit, sozialer Einbindung, individuellem Erfolg. Sie haben daher die Kapazität sowie das Bedürfnis, einen großen Teil ihrer Energie auf die Erfüllung der obersten Ebene, der Selbstverwirklichung, aufzuwenden.

Alles, was den Menschen hilft, ihren Ressourceneinsatz für wiederkehrende Aufgaben – wie zum Beispiel Einkaufsprozesse – zu optimieren, ist willkommen, damit sie sich auf jene Themen fokussieren können, die sie als persönlich bereichernd empfinden. Convenience ist dabei die große Klammer. Der Wunsch nach laufend weniger Aufwand für lästige Aufgaben ist der Motor, der den beschriebenen Wandel in jeder Phase treibt.

Beflügelt wird dieses Streben nach Selbstverwirklichung durch die zwei Megatrends der letzten Jahre: Individualisierung und Konnektivität.

Megatrend Individualisierung

Im Megatrend Individualisierung spiegelt sich ein zentrales Kulturprinzip der aktuellen Zeit. Eine einzigartig gestaltete Individualität gilt als oberster Ausdruck von Selbstverwirklichung.

Dieser Trend wird angefacht durch die Zunahme persönlicher Wahlfreiheiten und individueller Selbstbestimmung. Dabei wird das Verhältnis von Ich und Wir neu ausgehandelt. So wächst die Bedeutung neuer Gemeinschaften, die der Individualisierung künftig ein anderes Gesicht verleihen.

Das geht Hand in Hand mit dem zweiten Megatrend, der Konnektivität.

Megatrend Konnektivität

Konnektivität beschreibt ein dominantes Grundmuster des gesellschaftlichen Wandels im 21. Jahrhundert: die Vernetzung auf Basis digitaler Infrastrukturen.

Vernetzte Kommunikationstechnologien verändern das menschliche Leben, Arbeiten und Wirtschaften grundlegend. Soziokulturelle Codes werden reprogrammiert. Sie bringen neue Lebensstile, Verhaltensmuster und Geschäftsmodelle hervor.

So fließen Bedürfnisse und Trends zusammen. Sobald Konsumenten erkennen, dass Ressourcenoptimierung plus Individualisierung plus Konnektivität auf den neu entstehenden Verkaufskanälen besser bedient werden als auf den bestehenden, wandern sie in diese neuen Kanäle ab. Ihre Ansprüche an die Welt von Vertrieb und Handel steigen.

Wobei der Begriff »abwandern« Ihnen möglicherweise den falschen Eindruck vermittelt.

Sowohl als auch

Es ist nicht so, dass die bisherigen Vertriebs- und Marketingwege vollkommen verschwinden. Je nach Situation und Anlass besuchen die Konsumenten weiterhin beispielsweise den klassischen stationären Handel. Tatsache ist, dass die Konsumenten die unterschiedlichen Einkaufsformen nicht im Sinne von »Entweder-Oder«, sondern von »Sowohl als auch« nutzen. Dabei werden vorherige Handelskanäle automatisch weniger, neu aufkommende automatisch mehr genutzt.

Schon allein diese Tatsache bedeutet für die Unternehmen aus Industrie und Handel vor allem eines: eine enorme Steigerung der Komplexität ihres Geschäfts durch die wachsende Bearbeitungsbreite.

Komplexitätstreiber: Bearbeitungsbreite

Der Anspruch der Konsumenten ist inzwischen, dass sie ihren Einkauf im Kanal ihrer Wahl erledigen können. Finden sie ein Produkt dort nicht, wird die Wahrscheinlichkeit geringer und geringer, dass sie sich den Umstand machen, den Kanal zu wechseln.

Deshalb müssen Unternehmen grundsätzlich überall dort mit ihren Produkten vertreten sein, wo ihre Kunden kaufen – unabhängig davon, ob alle im Unternehmen das wollen oder nicht. Zwar werden firmenintern noch häufig Bedenken laut wie »Mit Omnichannel-Angeboten kannibalisieren wir unser aktuelles Geschäftsmodell!« oder: »Wir dürfen uns nicht verzetteln!«. Doch die Realität zeigt, dass Unternehmen, die bei einem traditionellen, eindimensionalen Vertriebs- und Marketingmodell bleiben, abgehängt werden, da damit ein selbstgesetztes Wachstumslimit schnell erreicht ist.

Das gilt selbst für Hersteller gut etablierter Marken. Denn die Markenrelevanz hat in den letzten Jahren bereits an Boden verloren, sinkt in der Tendenz noch weiter. Ist eine Marke in einem spezifischen Kanal nicht vorhanden, führt das immer häufiger zum Marken- statt zum Einkaufsstellenswitch.

Doch nicht nur die Hersteller sind betroffen. Für den Handel stellt diese Vervielfältigung der Vertriebskanäle ebenfalls eine große Herausforderung dar. Zwar war deren Modell aus den 1950er-Jahren sehr kapitalintensiv: Ladenfläche wurde benötigt, es fielen Kosten an, um die Regale bestückt zu halten, personalintensive Tätigkeiten wie Beratung und Kassieren mussten gestellt werden. Auf der anderen Seite hatten sie den Vorteil, dass die Abläufe planbar waren, da sie Öffnungszeiten und Angebote vorgeben konnten.

Heute muss ein Handelsunternehmen verschiedene Einkaufsoptionen parallel anbieten, damit seine starke Handelsmarke weiterhin alle Bedürfnisse seiner Kundenzielgruppe abdecken kann. Denn auch für den Handel gilt: Für ihre Convenience wechseln die Konsumenten lieber den Händler als den präferierten Einkaufskanal.

Doch nicht nur die wachsende Zahl der Kanäle, welche die Unternehmen zu bespielen haben, sorgt für die zunehmende Komplexität. Eine zweite Tatsache trägt in noch größerem Maße dazu bei. Gerade sie wird in ihrer Tragweite von Unternehmen aktuell noch vielfach unterschätzt.

Komplexitätstreiber: Bearbeitungstiefe

Wenn Sie die Zeitreise von eben Revue passieren lassen, ist die Entwicklung dadurch gekennzeichnet, dass die Konsumenten mehr und mehr Aufgaben abgeben konnten. Doch diese Aufgaben haben sich nicht in Luft aufgelöst. Andere mussten sie übernehmen, damit der Einkaufsprozess erfolgreich und zufriedenstellend abläuft – und diese Anderen sind Industrie und Handel.

So muss die Industrie – statt wie bisher »nur zu verkaufen« – neu und ganzheitlich denken, wie sie ihre Abläufe gestaltet, um die produzierte Ware an den Kunden zu vertreiben, und ihre Organisation daraufhin anpassen. So muss sie zum Beispiel mit Advertising, Marketing und Content die Sichtbarkeit ihrer Marken sicherstellen. Denn anders als im Ladengeschäft haben auf der Seite 1 des eCommerce-Händlers nur fünf bis zehn Produkte Platz. Alle anderen Angebote rutschen in die Versenkung der folgenden hundert Seiten. Kein Konsument wird diese Angebote je zu Gesicht bekommen.

Darüber hinaus müssen die Unternehmen für eine flexiblere, auf neue Verkaufsmengen zugeschnittene Distributionsplanungs- und Logistikorganisation sorgen. Sie müssen die wachsenden Datenmengen, die sich oft täglich aktualisieren, analysieren. Nur so können sie Learnings und Insights aus jedem View, Click, Kauf generieren. Zu diesem Zweck müssen die Unternehmen neue Funktionen schaffen und Mitarbeitende mit den entsprechenden Kompetenzen finden oder befähigen. Außerdem brauchen die Unternehmen Führungskräfte, die dies alles orchestrieren können.

Doch nicht nur die produzierenden Unternehmen sehen sich neuen Aufgaben gegenüber, sondern genauso der Handel. Für diesen bedeutet die Aufgabenverschiebung zum Beispiel einen anderen Anspruch an Listungstiefe, Angebotsauswahl und kanaladäquater Warenpräsentation. Darüber hinaus verändert sich die Zusammenarbeit mit Marken und Partnern dramatisch: Die Fragestellung, welche Prozesse horizontal und vertikal integriert oder ausgegliedert werden sollen, gewinnt an wettbewerbsrelevanter Bedeutung.

Wie von den produzierenden Unternehmen erfordert die systematische und systemische Bearbeitung der neuen Kanäle vom Handel ein neues Denken. Während viele der operativ personalintensiven Aufgaben im Geschäft nicht komplett wegfallen, kommen auf der anderen Seite Online Advertising, Retail Media und – je nachdem, wie viel an die Marken ausgelagert wird – Content hinzu. Auch der Handel muss nun Daten systematisch analysieren und nutzen, er muss Aufgaben in Disposition und Produktbewerbung mit Hilfe von smarten Algorithmen und KI optimieren. Denn je besser ein Unternehmen die Bedürfnisse der Kundschaft versteht und antizipiert, desto erfolgreicher kann es neue Geschäftsmodelle aufbauen.

Für Produzenten wie Händler wächst also die Bearbeitungstiefe für jeden einzelnen Kanal. Diese vertikale Integration von Aufgaben ist eine Herausforderung für alle Unternehmen.

Doch es bleibt ihnen nichts anderes übrig als sich der zunehmenden Bearbeitungstiefe genauso zu stellen wie der wachsenden Bearbeitungsbreite. Denn diese beiden Herausforderungen nicht anzunehmen und zu meistern, ist gleichbedeutend mit einem dramatischen Verlust an Sichtbarkeit, Relevanz und Umsatz.

Neuer Dreiklang, neues Kontinuum

Was mir Sorgen bereitet, ist, dass meinem Eindruck nach vielerorts in den Unternehmen die Tragweite der Herausforderungen noch nicht erkannt wird. Oder diese sich zumindest nicht stringent an die Umsetzung der nötigen Maßnahmen machen. Mir scheint, dass dort noch die Vorstellung herrscht: All diese neuen Vermarktungsoptionen seien im Grund »nur eben weitere Vertriebs- und Marketingkanäle«, die sich irgendwie mit den Erfolgsprinzipien der Vergangenheit bearbeiten lassen.

Warum das aus meiner Sicht nicht zutrifft, habe ich Ihnen auf den vorangegangenen Seiten dargelegt. Denn die Menschen kaufen nicht nur anders ein als früher: Die Gesellschaft hat sich auf vielen Ebenen unwiderruflich verändert. Die Pace, in der die Bevölkerung ihr Leben taktet, hat sich weiterentwickelt. Und die Unternehmen kommen dieser Pace, diesem Anspruch entweder nach – dann werden ihre Produkte relevant bleiben und weiter gekauft. Oder sie kommen dem nicht nach und werden abgehängt.

Die Welt insgesamt hat sich verändert, daher benötigen auch Unternehmen eine umfassendere, neue Herangehensweise – einen neuen Dreiklang:

Sie brauchen ein neues Denken.

Sie brauchen eine neue Pace.

Sie brauchen ein neues Making.

Umgehend!

Deshalb ist Zaudern für die Unternehmen so extrem gefährlich. Ihnen läuft die Zeit davon. Die Uhr tickt.

Vorsicht: Lücke!

Die Kluft zur Konkurrenz wird ständig größer. Und dieser Abstand wird weiter wachsen, denn die Entwicklung wird noch an Fahrt aufnehmen – davon bin ich zutiefst überzeugt. Warum? Die Kunden- und Konsumentenbedürfnisse nach höchstmöglicher Convenience bei geringstem Aufwand werden weiterhin bestehen. Und es wäre eine Illusion zu glauben, dass diese Bedürfnisse in naher Zukunft nicht noch besser bedient werden können als heute.

Die Weiterentwicklung von KI in konkreten Anwendungsfällen und die Beschleunigung der Rechnerprozesse durch Quantum Computing werden für weitere Absatzkanäle sorgen. Der Megatrend der Silver Society wird die Entwicklung noch weiter anheizen.

Was das für die Komplexität bedeutet, die die Unternehmen zu bewältigen haben, ist leicht abzusehen: Diese wird weiter steigen. Eine Konsolidierung ist aktuell nicht abzusehen. Schon heute ist die Komplexität mit traditionellen Herangehensweisen nicht mehr effektiv und effizient zu meistern. Wie soll das dann erst in einigen Jahren funktionieren?

Der Abstand zwischen den Unternehmen, welche die Komplexität beherrschen, und jenen, die es nicht tun, wird jeden Tag größer. Vielleicht stellen Sie sich deshalb an dieser Stelle die Frage: Lässt sich dieser Rückstand überhaupt noch aufholen angesichts der Tatsache, dass sich die Veränderungsgeschwindigkeit weiter skaliert? Und falls das Aufholen glückt: Lässt sich vor dem Hintergrund dieser weiteren Beschleunigung die neu gewonnene Pace halten, geschweige denn ein Vorsprung herausholen?

Im folgenden Kapitel werde ich mich mit Ihnen auf die Suche nach den Antworten auf diese essenziellen Fragen machen.

KEY TAKE-OUTS

- Technologie ist die Enablerin des Wandels in Handel, Vertrieb und Marketing, sie macht neue Vertriebs- und Marketingkanäle möglich. Verursacher jedoch ist das Streben nach höchster Convenience.

- Mehr Convenience erlaubt es den Kunden und Konsumenten, sich mehr Zeit für die Erfüllung ihres Bedürfnisses nach Selbstverwirklichung zu nehmen.

- Befeuert wird das Streben nach Selbstverwirklichung durch Megatrends wie Individualisierung, Konnektivität und demographischer Wandel.

- Neue Kanäle lösen die alten daher nicht ab, sondern kommen hinzu. Die Verbraucher möchten situativ überall kaufen können – die Zeit des Anytime und Anywhere Commerce hat bereits begonnen.

- Die zwei großen Herausforderungen für die Industrie sind: Erstens müssen sie ihre Produkte in nie da gewesener Breite über fragmentierte Distributionswege anbieten. Zweitens bedarf jeder dieser Kanäle einer gestiegenen Bearbeitungstiefe.

- Diese zwei Herausforderungen treffen auch den Handel und zwingen ihn ebenfalls zu einer komplexeren systematischen und systemischen Bearbeitung.

- In der Summe ergibt sich daraus eine Komplexität, die nicht trivial zu meistern ist. Das entsprechende Bemühen ist allerdings alternativlos.

- Die Komplexität wird weiter steigen, da dank neuen Technologien noch bedürfnisgerechtere Einkaufsmöglichkeiten entstehen werden.

Kapitel 3

AUFHOLFÄHIG?

Nun, was denken Sie? Haben Unternehmen, für die die neue Komplexität in den Absatzkanälen und Marketingoptionen heute eine Hürde darstellt, überhaupt noch eine Chance, die Kluft zu den führenden Playern zu schließen? Ich meine: Ja!!!

Und ich möchte einen aktiven Beitrag dazu leisten, dass Unternehmen zurück in ein stabiles, sich selbstverstärkendes Kontinuum kommen. Deshalb schreibe ich dieses Buch.

Ich bin zutiefst davon überzeugt, dass sehr viele der Unternehmen noch diese Aufholoption haben – mit der Betonung auf »noch«, denn die Lücke wird jeden Tag größer.

Meine Überzeugung ist nicht aus einer vagen Hoffnung oder einem dringenden Wunsch geboren, sondern fußt auf der Erfahrung aus meiner beruflichen Praxis und meiner Beobachtung, dass diverse Firmen die Aufholjagd schaffen oder sogar das Überholen. Warum sollten andere es ihnen nicht nachmachen können? Meine Erkenntnisse dazu möchte ich mit Ihnen teilen.

Ich werde Ihnen in diesem Kapitel anhand von drei ermutigenden Beispielen schildern, wie Unternehmen ihre Aufholjagd erfolgreich meistern. Die Beispiele stammen aus ganz unterschiedlichen Branchen, Unternehmenskulturen und Bereichen, an denen ich selbst nah dran war oder mittendrin. Sie alle führen Ihnen einerseits vor Augen, dass der Transformationsprozess nicht einfach ist. Andererseits zeigen sie, was möglich ist.

Lesen Sie also, von welcher Ausgangsposition diese jeweiligen Unternehmen kamen, wie sie sich für ihre Aufholjagd aufgestellt haben und wo sie heute stehen.

Beispiel 1: Werkzeuge für Profis

Branche: Industrie/Bau | **Unternehmen:** Bosch Power Tools | **Sparte:** Professional Power Tools

Bei Bosch Power Tools handelt es sich um einen Markenartikelhersteller für Werkzeuge mit zwei Kernkundengruppen. Das ist auf der einen Seite der Bereich für Heimwerker, »Home & Garden«, ich jedoch konzentriere mich hier auf den Bereich für »Professionals«. Dieser Unternehmensbereich hat seine unterschiedlichen Produktkategorien viele Jahrzehnte lang traditionell über die klassischen Offline-B2B-Kanäle vertrieben. Die Kommunikation war offline geprägt, Zugpferde waren der persönliche Außendienstkontakt, Kataloge und Messestände.

Wenn Sie sich Bosch Professional Power Tools heute anschauen, bietet sich Ihnen ein ganz anderes Bild: Deren Produkte sind heute überall dort, wo die Kunden sind.

In diesem Sinne ist der Bereich aus meiner Sicht in seiner Transformation weit vorangeschritten und zum Zeitpunkt, zu dem ich dieses Buch schreibe, in der Branche weit vorne. Das ist zwar nur eine Momentaufnahme, denn – um es in der Musikersprache zu sagen – »the beat goes on«. Was selbstverständlich für sämtliche Unternehmen und Beispiele gilt.

Was bedeutet diese Einschätzung im Detail?

Kanäle maximal ausschöpfen

Zum traditionellen Distributionsmodell sind zahlreiche Kanäle und Touchpoints hinzugekommen: Bosch Professional Power Tools hat seinen offline performanten Go-to-Market-Ansatz auf- und ausgebaut zu einem offline, online sowie hybrid performanten Absatzmodell mit einer größeren Abdeckung von Vertriebskanälen und Marketingformaten.

Leitgedanke dabei war die Erkenntnis, dass es nachteiliger ist, in einem Kanal nicht präsent zu sein und die Kunden dort an die Konkurrenz zu verlieren, als auf die x Prozent der Kunden zu vertrauen, die bereit sind, den Kanal für die Marke zu wechseln, respektive nur aus wohlgemeinter Rücksicht auf die Akteure eines bestehenden Kanals auf den Ausbau eines neuen Kanals zu verzichten.

Daher wurde die Präsenz in jedem Kanal, an jedem Touchpoint stringent entwickelt – von der Logistik, von der Listungsbreite und -tiefe und vom

Bestellprozess her. Das galt ebenso für den Markenauftritt, um die Produkte via unterschiedlicher Contentmöglichkeiten erlebbar zu machen. Neben Messen wurden neue Marketingkanäle aufgebaut, um das Erleben und Erklären der Werkzeuge zum Beispiel durch Live-Shopping bzw. in der Zusammenarbeit mit führenden Influencern aus der Handwerksbranche, wie dem Fliesenleger- oder Elektrikergewerbe, breit abzubilden.

Weitere Vertriebs- und Marketingmöglichkeiten sind stetig unter Beobachtung, Testung und Entwicklung.

Um mit diesen Aktivitäten erfolgreich zu sein, wurde sehr umfassend betrachtet, wo der Kunde heutzutage die Tools finden möchte und was relevante Präsentationsformen für die Marke sind. Die Teams wurden entsprechend empowert und befähigt, ihre Präsenzen systematisch auf- und auszubauen und untereinander zu diskutieren, wie diese Kanäle und Touchpoints miteinander zusammenhängen, um eine Strategie über den gesamten Bereich zu entwickeln.

Mit dieser konsequenten Vorgehensweise ist es meiner Einschätzung nach gelungen, in einigen entscheidenden Bereichen zum Taktgeber in der Branche zu werden. Ähnliches gilt für mein nächstes Beispiel: Unilever.

Beispiel 2: Haarpflege für alle Kanäle

Branche: Fast Moving Consumer Goods | **Unternehmen:** Unilever | **Sparte:** Hair Care

Unilever ist ein britisch-niederländischer Fast-Moving-Consumer-Goods-Konzern für fast alles, was klassischerweise in den Lebensmittel-Einzelhandels- und Fachgeschäften sowie Drogeriemärkten erhältlich ist. Darüber hinaus ist Unilever eines der größten werbetreibenden Unternehmen, um seine Marken zu präsentieren und erlebbar zu machen.

Einer Legende nach, die mir damals zugetragen wurde, hatte Unilever Anfang der 2000er-Jahre ein traumatisches Erlebnis mit dem voranschreitenden Wandel im Handel. Den hatte das Unternehmen im Hair-Care-Bereich in den USA wohl bis dahin glatt verschlafen. Die Bewegung Richtung Online-Shopping in der FMCG-Branche war mit Personal- und Home-Care-Produkten still und leise, aber wirkungsvoll gestartet. Eines Tages wachte die Sparte auf und musste feststellen, dass eine ihrer Haarpflegemarken auf einmal nicht mehr den gewohnten Platz 1 im nordamerikanischen Markt einnahm, sondern auf Platz 2 abgerutscht war. Der Grund: Die Marke war online nicht ausreichend präsent.

Die Erkenntnis erwischte Unilever kalt, weil zu Beginn der Online-Markt von den Marktforschungsunternehmen im Gegensatz zum Offline-Markt nicht erhoben wurde. So wurde erst nachgelagert klar: Das Unternehmen hatte die Marktführerschaft im wirklichen Gesamtmarkt verloren.

Auf diesen Schock hin wurde – ebenfalls der Sage nach – umgehend ein Globales Task-Force-Team gebildet, das sich fokussiert mit den Themen eCommerce und neuen Handelskanälen auseinandersetzte: Dieses Trauma sollte sich in den anderen internationalen Märkten auf keinen Fall wiederholen.

Dank dieses Fokus und der Beschleunigung ist Unilever heute für meine Begriffe in vielen Bereichen im Online-Geschäft für den Konsumenten sehr gut sichtbar und vertreten.

Beschleunigen und neuen Status Quo setzen

Was mich besonders begeistert: Dem Unternehmen ist es zudem gelungen, neue Standards zu setzen, zum Beispiel wie Produkte zu präsentieren sind.

Verpackung spielt in der FMCG-Branche von je her eine große Rolle: Die Produkte müssen im Regal des stationären Handels hervorstechen, mit unterschiedlichen Funktionen aus verschiedenen Distanzen. In derselben Manier entwickelte Unilever die »Hero Images« – also Bilder, die sicherstellen, dass das Produkt am Bildschirm und vor allem auf dem Smartphone-Display hervorsticht, wenn die Konsumenten Artikel online oder mobil scrollen und einkaufen. Diese »Hero Images« sind heute noch der Maßstab.

Ein weiteres eindrückliches Beispiel ist, dass Unilever bereits zu meiner Zeit im Unternehmen mit der Handelskette REWE gemeinsam die Möglichkeit lancierte, aus einem Online-Kochrezept heraus alle Zutaten mit einem Klick in den Einkaufskorb zu legen – damals ein sehr innovatives Geschäftsmodell.

Nach wie vor lässt sich die konstante Arbeit an neuen Verkaufs-, Marketing- und Social-Media-Kanälen sowie an neuen Geschäftsideen erkennen. So erprobte das Unternehmen zum Beispiel für seine Premium-Eiscrememarke Ben & Jerry's in der Schweiz 2019 ein Modell, bei dem die Konsumenten im Sommer ihr Eis über eine App bestellen und dann per Drohne in den Park liefern lassen können.

Angesichts solcher Veränderungen drängt sich die Frage auf: Wie haben die das geschafft?

Der große Unterschied zu vorher ist aus meiner Sicht: Das Unternehmen hat begonnen, Trends intensiver und via multipler Datenquellen zu beobachten, mutig in neue Entwicklungen hineinzugehen und diese konsequent umzusetzen, selbst wenn einige Stakeholder zu diesem Zeitpunkt noch nicht überzeugt von diesen Veränderungen waren oder der unmittelbare Return of Investment noch gering.

Das ist ein wichtiger Punkt, denn im Gegensatz zu Bosch ist Unilever ein börsennotiertes Unternehmen. Das heißt, der Ruf nach dem Return of Investment kommt oft früher und eindringlicher. Gleichzeitig erfordern neue Go-To-Markets eine gewisse Anlaufzeit. Umso mehr Entschlossenheit war und ist aufseiten der Unternehmensführung nötig, die Gesamtlage umfassend strategisch zu beleuchten, sich an solche neuen Initiativen heranzuwagen, auszuprobieren.

Mein drittes und letztes Beispiel für Sie ist aus meiner damaligen Welt des Handels.

Beispiel 3: Alles für alle

Branche: Technologie | **Unternehmen:** Amazon | **Sparte:** Handel/eCommerce

Amazon? Manch einer, dem ich von meinen Erfahrungen erzähle, stutzt bei der Erwähnung dieses Namens zunächst. Ein Pionier des disruptiven Handels soll es selbst Schweiß und Anstrengung kosten, mit dem Wandel Schritt zu halten?

Ja, das ist so, denn angesichts des Tempos der Veränderungen ist das Mithalten selbst für ein Unternehmen keine Selbstverständlichkeit mehr, das sich in weniger als 30 Jahren vom kleinen Online-Buchhändler zu einem der größten Unternehmen und eCommerce-Händler der Welt entwickelt hat.

Amazons Handelsdomäne war und ist der Online-Handel mit Markenartikeln, einigen Eigenmarken und eigenen Devices wie Kindle und die Alexa-Echo-Serie. Aber selbst Amazon weiß, dass Online nur einen Teil der Kunden und einen Teil der Einkaufssituationen insgesamt abbildet. Das hat Amazon zum Anlass genommen, sich von dem ursprünglich 100 Prozent online dominierten Geschäftsmodell weiterzuentwickeln.

Das gelingt dem Unternehmen nach Ansicht von Analysten derzeit sehr passabel. Ehrlicherweise muss aber dazugesagt werden, dass Amazon es – gegenüber Unternehmen wie Bosch und Unilever – mit einer multiplizierten Komplexität zu tun hat.

Amazon ist über alle Produktkategorien und -segmente sowohl im B2C- als auch im B2B-Bereich unterwegs. Die enorme Komplexität, die sich daraus ergibt, hat das Unternehmen in vielen Bereichen zwar schon in der Breite, aber noch nicht in jeder Kategorie in kompletter Tiefe gemeistert. Und so komme ich zu der Einschätzung, dass Amazon in einigen Fokusbereichen extrem weit ist, in anderen Aufholbedarf hat – dass das Unternehmen aber effektiv daran arbeitet, das zu ändern.

Was das Unternehmen auf jeden Fall entwickelt hat, ist die »Customer Obsession«, wie es in den Leadership Principles genannt wird. Zu dieser bedingungslosen Fokussierung auf die Kundinnen und Kunden gehört unter anderem der Mut, Neues auszuprobieren und zu vertiefen.

Bedingungslos experimentieren

So testet das Unternehmen zum Beispiel stationäre Konzepte und dessen hybride Integration: Es hat die Bio-Supermarktkette Whole Foods gekauft, um seine stationäre Präsenz bei Lebensmitteln auszubauen und – nach vorne gedacht – die Verzahnung der Online- mit den Offline-Angeboten voranzutreiben.

Und aus der Erkenntnis heraus, dass Geschenke sowohl gerne vorher im realen Leben angeschaut als auch beim stationären Einkauf die Online-Ratings für die Kaufentscheidung herangezogen werden, entstanden die Amazon 4-Star-Stores. In diesen Läden wurden ausschließlich Geschenkartikel mit Bewertungen von vier Sternen aufwärts präsentiert. So sollte das Beste aus beiden Welten – dem Online- und dem Offline-Shopping – kombiniert werden.

In eine ähnliche Richtung geht das Konzept der »Treasury Trucks«, eine Art Erlebnisauslieferung. Offensichtlich haben beide Konzepte nicht wie gewünscht funktioniert, denn sie wurden wieder eingestellt beziehungsweise reduziert – und dennoch wurde zweifelsohne viel daraus über Offline- und Hybrid-Shopping gelernt.

Amazon arbeitet darüber hinaus sichtbar mit Hochdruck an neuen digitalen Shopping-Möglichkeiten wie Voice Shopping, Augmented- und Virtual-Reality-Optionen für Kategorien, wo es Sinn ergibt und wo Konsumentenbedürfnisse bestehen, wie zum Beispiel bei Möbeln: So können sich die Konsumenten das Sofa in ihre Lebensrealität stellen, bevor sie es kaufen. Selbes gilt für Marketingoptionen, die ein stärkeres Entertainment und Engagement zulassen, wie im Gaming-Umfeld der zugekauften Plattform Twitch.

Das bestärkt mich in der Überzeugung, dass Amazon nicht zu den Unternehmen gehört, die sich abhängen lassen.

So weit die drei Beispiele aus der Praxis. Sie machen deutlich, was ich eingangs sagte: Ja, es geht. Unternehmen sind fähig, zu den führenden Kräften in ihrem Markt aufzuschließen oder selbst das Tempo zu setzen. Aber ...

Nicht nur WAS, sondern auch WIE

Trivial ist diese Aufholjagd nicht, denn der Weg ist für die Organisation, ihre Führungskräfte und alle Beteiligten anstrengend. Sie müssen dafür etliche fest verankerte Glaubenssätze über Bord werfen. Denn Ihnen ist sicher in allen drei Beispielen aufgefallen, dass neben dem, WAS gemacht wurde, insbesondere das WIE von Relevanz war.

Neue Go-to-Market-Ansätze erfordern zum Beispiel nicht nur ein neues Denken, sondern auch eine Investition, bevor klar ist, ob und wie schnell der Return of Investment kommt. Ohne Invest aber können Sie keine Listung vornehmen, keine Bewerbung der Produkte entsprechend den neuen Formaten entwickeln, keine passenden Store-Konzepte erarbeiten etc.

Dieses Muster ist im Grunde nicht neu und über alle Branchen und Unternehmensgrößen hinweg bekannt: Jedem ist klar, dass er keine Produkte produzieren und verkaufen kann, wenn er nicht vorher die Fabrik gebaut und die entsprechenden Human Resources und Capex-Investitionen getätigt hat – oder zumindest eine andere Firma für die Produktfertigung bezahlt.

Die Investition in neue Vertriebs- und Marketingkanäle ist exakt genauso zu sehen. Marketing und Vertrieb sind elementare Bestandteile der Wertschöpfungskette – je größer das Angebot am Markt, umso mehr. Die Arbeit eines Unternehmens ist daher in den seltensten Fällen mehr damit abgeschlossen, dass es ein Produkt entwickelt und hergestellt hat – und dann hofft, dass die Kunden es finden und kaufen. Die entsprechenden Investitionen sind daher eine Herausforderung für praktisch jedes Unternehmen, ob im produzierenden oder im vertrieblichen Bereich.

Warum über den Erfolg der Aufholjagd jedoch nicht die Budgethöhe generell entscheidet, darauf komme ich später noch zu sprechen.

Wie wichtig die grundsätzliche Bereitschaft zur Transformation ist, zeigt sich sehr deutlich am letzten Glied der Wertschöpfungskette: die Händler. Ihr Überleben steht bereits seit vielen Jahren auf Messers Schneide, denn sie werden direkt vom Konsumenten/Kunden abgestraft. Daher mussten schon viele Handelsunternehmen in den letzten Jahren die Segel streichen. Überlebt haben nur die Wandlungsaffinen unter ihnen.

Und tatsächlich führt kein Weg an beherzten Aktionen für den eigenen Wandel vorbei.

Kein »weiter wie bisher«

Einfach weiterzumachen wie bisher, bedeutet, dass der Vorsprung der anderen immer größer wird. Bis die Lücke eines Tages wirklich nicht mehr zu schließen ist.

Das gilt ebenso für den Versuch, den Abstand mit einem Mehr am Selben und bereits Vorhandenen zu lösen. Das kann nicht funktionieren, denn stellen Sie sich vor, Sie produzieren und verkaufen seit jeher schwarze

Sneaker. Alle anderen Anbieter tun das ebenfalls, also tragen die Menschen nur schwarze Schuhe. Nun kommt ein schlauer Unternehmer auf die Idee, darüber hinaus rote und grüne Sneaker herzustellen und anzubieten. Ein gewisser Prozentsatz der Konsumenten findet das super und möchte diese bunten Exemplare haben. Diese Käufer werden Sie nicht zurückgewinnen, indem Sie noch mehr schwarze Sneaker produzieren und doppelt so viel Anstrengung in deren Verkauf stecken.

Ich hoffe, es ist mir gelungen, Ihnen in den Kapiteln »Angegriffen«, »Abgehängt!« und »Aufholfähig?« Folgendes deutlich zu machen:

- Der beschriebene tiefgreifende und systemische Wandel wird sich in allen Branchen und Bereichen vollziehen, und er wird an Geschwindigkeit noch zulegen. Das liegt schlicht am Auslöser: den Kunden und Konsumenten.
- Daher besteht für die Unternehmen aller Branchen und Größe die dringende (!) Notwendigkeit, sich diesem Wandel zu stellen und unter den neuen Anforderungen zu agieren.
- Die Veränderungen sind mit großer Komplexität verbunden. Doch diese Komplexität lässt sich mit Systematik und gezielter Anstrengung meistern.
- Der Anspruch der Unternehmen muss sein: MAKING THE PACE! Das bedeutet, ausgehend von der reellen Gefahr abgehängt zu werden über eine systematische dynamische Fundierung hin zu einem neuen stabilen Kontinuum zu kommen. Damit gelingt es, die unternehmenseigene Schwungmasse in den neuen uniquen MAKING-THE-PACE-Takt zu bringen.

Was Ihnen helfen wird, diesen epochalen Herausforderungen in der Unternehmensführung zu begegnen, sind die 15 Prinzipien aus den 3 interdependenten Bereichen Strategie, Struktur und Führung, die ich Ihnen im nächsten Teil eines nach dem anderen vorstelle.

Diese Prinzipien habe ich aus meinen bisherigen Erfahrungen, Beobachtungen und Erfolgen in Vertrieb, Handel und Marketing herausdestilliert und selbst verprobt. Ich möchte Ihnen damit wertvolle Impulse geben, damit Sie Ihr Unternehmen für die Aufholjagd rüsten können – unabhängig davon, wo Sie sich in Ihrer Transformation aktuell befinden. Denn das können Sie …

KEY TAKE-OUTS

- Ein Aufschließen zu den Anforderungen des Marktes ist möglich. Das gelingt jedoch nur, wenn einige der fest verankerten und liebgewonnenen Grundprinzipien im Unternehmen über Bord geworfen werden.

- Die drei Beispiele aus den Branchen Industrie/Bau, FMCG und Technologie zeigen einerseits, dass es als Hersteller und als Händler möglich ist, sich zu einem Multi-Kanal-Player zu entwickeln und andererseits, dass es kontinuierlichen Veränderungswillen wie Umsetzungsstärke bedarf.

- Vertrieb und Marketing sind heute existenzieller Teil der Wertschöpfungskette, auch von produzierenden bzw. produktgeleiteten Unternehmen. Entsprechende Vorabinvestitionen, monetär oder nicht-monetär, in diese Funktionen sind daher unerlässlich.

- Nicht-Veränderung ist keine überlebenssichernde Option. Mit einem Mehr vom Alten lässt sich die gestiegene Komplexität ebenfalls nicht meistern.

- Am Aussterben einiger Handelsunternehmen in den vergangenen Jahren lässt sich besonders gut ablesen, dass nur die Wandlungsaffinität das Überleben sichert.

TEIL II

MAKING THE PACE

Den Wandel wirksam meistern –
die 15 Prinzipien

Warum dieses Buch sich um Pace dreht, habe ich Ihnen im Teil I bereits geschildert: Es sind Tempo und Takt, die Sie als Führungskraft in Ihrer Organisation vorgeben, um am Markt und in Ihrer Industrie Schritt halten und weiterhin erfolgreich sein zu können. Was aus meiner Sicht aber mindestens genauso wichtig ist wie die Pace, ist das MAKING, also deren Umsetzung.

Erst mit dem MAKING stellen Sie sicher, dass Sie Ihre Pace wirklich auf die Straße bekommen.

Machen ist wie Wollen, nur wirkungsvoller

Für dieses MAKING muss die Pace erst einmal für alle in der Organisation erfassbar werden – nur dann kann sich die Wirkung zielgerichtet entfalten. Sonst ist es, als würden Sie im Auto das Gaspedal durchtreten, woraufhin vielleicht noch der Motor aufheult, aber die Kraft wird nicht auf die Räder übertragen. So kommen Sie nicht vom Fleck, obwohl der Sound stimmt.

Je besser aber die Kraftübertragung gelingt, desto erfolgreicher kann die Transformation gelingen, die Ihrer Organisation bevorsteht. Und dies ist eine tiefgreifende Transformation. Denn kleine Veränderungen und Anpassungen helfen Ihnen nicht. Was Sie benötigen, um mit dem Wandel Schritt zu halten, ist das, was ich den BETTER BIG SYSTEM CHANGE nenne.

Ich habe diesen Begriff für mich geprägt, weil das, was er umfasst, seit jeher meine Ambition ist ...

BETTER BIG SYSTEM CHANGE

»SYSTEM CHANGE« verdeutlicht, dass es für diese Transformation nicht genügt, dass Sie Einzelteile des Systems herausgreifen und daran arbeiten. Sie müssen immer im Auge haben, wie diese Einzelteile miteinander zusammenhängen und wie sie zusammenzuspielen haben, um eine Entwicklung zu ermöglichen, anstatt sich gegenseitig zu blockieren.

»BIG« signalisiert, dass Sie über das System Ihres Unternehmens hinaus den Blick für den übergeordneten Kontext, also z.B. politisch, rechtlich, gesellschaftlich behalten. Denn Ihr unmittelbarer Gestaltungsbereich beschränkt sich vielleicht »nur« auf Ihr System, also Ihre Organisation. Diese ist jedoch stets eingebettet in einen übergeordneten Kontext der Stakeholder-Interessen sowie das ganz große Ganze der Gesellschaft. Und dieser Kontext kommt unweigerlich aus dem Gleichgewicht, wenn Sie sich bewegen. Besser Sie gestalten das neue Gleichgewicht selbst mit!

»BETTER« ist durchaus selbstbewusst als Wertung zu verstehen: Denken Sie lieber zu groß als zu klein! Wenn Sie Ihr Aktionsfeld größer und damit vollständiger fassen, können Sie einen nachhaltigen Wettbewerbsvorteil erzielen. Hinzu kommt, dass sich die Interdependenzen für Unternehmen unter dem Einfluss des Megatrends Konnektivität stärker und stärker ausprägen. Viele Transformationen sind nur noch möglich, wenn sich gleichzeitig das Gesamtsystem ändert. Und je mehr Sie Ihr Unternehmen, dessen Einfluss und Mehrwert, mit diesem Anspruch durchdenken und durchsteuern, umso erfolgreicher können Sie heutzutage und morgen sein.

Das steht in Übereinstimmung mit systemtheoretischen Erkenntnissen wie zum Beispiel aus dem Interventions-Ebenen-Modell, selbst wenn meine Perspektive an dieser Stelle eine andere ist. Beim Interventions-Ebenen-Modell betrachten Sie das Unternehmen mit seinen einzelnen Organisationseinheiten und deren Wechselwirkungen. Beim BETTER BIG SYSTEM CHANGE ist das Unternehmen die kleinste Einheit, dessen horizontales und vertikales Branchenumfeld und die Gesellschaft die größere Ebene, und Sie durchdenken deren Verflechtungen miteinander.

Der BETTER BIG SYSTEM CHANGE ist demnach eine vielschichtige, anspruchsvolle Aufgabe in einer signifikanten Dimension. Deshalb kann es gar nicht anders sein, als dass seine Grundlage eine neue, gesamthafte und fundierte Herangehensweise ist.

In der Summe größer

Was sich aus dieser systemischen Herangehensweise ergibt, ist zum einen die umfassend ermittelte, aufeinander abgestimmte Umsetzungsrichtung für das Unternehmen, zum anderen die Prioritäten, was zu tun ist und was nicht. Und nicht zuletzt stellt diese Herangehensweise sicher, dass alle Bereiche der Organisation im selben Moment das Tempo erhöhen und dieselbe Abzweigung nehmen sowie Schnittstellen und Wechselwirkungen mit dem Umfeld proaktiv managen. Das ist nichts anderes als das erfolgreiche MAKING.

Wenn alle Veränderungen wohl orchestriert über die einzelnen Ebenen hinweg passieren, ist das Ergebnis größer als die Summe der Einzelergebnisse. Um das zu erreichen, beinhaltet eine gesamthafte Herangehensweise 3 Komponenten:

1. BRINGING UP TO PACE mittels einer 360°-Strategie, die alle Subsysteme berücksichtigt, um einen BETTER BIG SYSTEM CHANGE zu erreichen.
2. KEEPING THE PACE mittels einer Organisationsform und -struktur, die die Zahl der unnötigen Schnittstellen so weit wie möglich reduziert, um die Reaktionsgeschwindigkeit, die Pace, zu erhöhen und zu halten.
3. SETTING THE PACE mit Führungskräften, die es verstehen, der Strategie und der Struktur Leben einzuhauchen und die Mitarbeitenden mitzunehmen im Sinne des gemeinsamen MAKING. Das ist eine anspruchsvolle Aufgabe, denn eines ist Ihnen sicher schon klar: Wenn sich ändert, was, wie und warum etwas in Ihrem Unternehmen gemacht werden soll, gilt es, sowohl die Unternehmenskultur als auch jeden Beteiligten dafür zu befähigen. Beides will systematisch und systemisch orchestriert werden, um die Kür möglich zu machen: den Vorsprung.

Entlang dieser 3 Komponenten möchte ich Sie als Leser in diesem Teil des Buches mit auf die Reise nehmen.

3 Komponenten, 15 Prinzipien

Für jede der 3 Komponenten stelle ich Ihnen fünf Prinzipien vor. Diese habe ich auf der Basis meiner beruflichen und akademischen Erfahrungen entwickelt und in der Praxis selbst erprobt. Mit Hilfe dieser Prinzipien lässt sich jedes Unternehmen dahin führen, die Komplexität zu meistern – auch Ihres.

Optimalerweise lassen Sie sich von allen 15 Prinzipien inspirieren, denn erst der Zusammenklang der 3 Komponenten Strategie – Struktur – Führung eröffnet das komplette Potenzial für MAKING THE PACE. Ich bin aber absolut sicher, dass Sie aus jedem Bereich mindestens eines dieser Prinzipien anwenden können und Ihr Unternehmen schon davon spürbar profitiert.

Mir ist klar, dass Ihr Unternehmen seine ganz eigenen Rahmenbedingungen und Herausforderungen hat. Dennoch bleibe ich bei meiner Aussage. Denn das Wesen von Prinzipien ist, dass sie an den jeweiligen Kontext angepasst werden müssen und können, um ihre Wirkung zu entfalten. Diese unternehmensunique Anpassung auf Ihr System, müssen Sie leisten, aber das ist aus meiner Sicht eben die Aufgabe von uns Führungskräften und engagierten Mitarbeitenden: aus vorliegenden Erkenntnissen dasjenige Vorgehen für die eigene Organisation so zu adaptieren und gestalten, dass es den größtmöglichen Erfolg verspricht.

Und noch eines kann ich Ihnen nicht ersparen: Diese Prinzipien lösen in der Anwendung keinen Dominostein-Automatismus aus – und seien sie noch so mustergültig adaptiert. In der Umsetzung bedürfen sie stets Ihrer kontinuierlichen Begleitung und Feinjustierung.

Dieser Punkt ist von größter Bedeutung, denn mit der Operational Excellence steht und fällt Ihr Erfolg. Meiner Beobachtung nach liegt es aktuell vor allem an der Umsetzung, wenn Unternehmen ihre PS nicht auf die Straße bekommen. Es fehlt am beherzten Angehen, am Durchhaltevermögen, an der kontinuierlichen Nachschärfung, an der Resilienz, Hürden zu überwinden.

Die 15 Prinzipien, die ich Ihnen nachfolgend schildere, werden Ihnen helfen, mit Ihrem Unternehmen erfolgreich durch dieses Nadelöhr der Exekution zu gehen.

Und das dynamische Fundament für die solide und erfolgreiche Umsetzung legen Sie zwangsläufig mit Ihrer Strategie …

Kapitel 4

BRINGING UP TO PACE – STRATEGIE

By failing to prepare,
you are preparing to fail.

Benjamin Franklin,
US-amerikanischer Schriftsteller,
Erfinder und Staatsmann

Die Strategie ist der Ausgangspunkt von jeglichem planvollen Tun. Erst recht für den Fall, dass ein Unternehmen nachhaltig erfolgreich á la MAKING THE PACE beschleunigen möchte. Denn wenn schon die Strategie nicht konsequent vorbereitet und gestaltet ist, kann das, was danach kommt, kaum erfolgreich sein. Geben Sie mit Ihrer Strategie eine nicht passende Richtung vor, wird sich alles Wirken auf die falsche Marschroute begeben. Setzt Ihre Strategie die falschen Prioritäten, wird diese Energie fehlgelenkt.

Falls Sie sich nun fragen, ob das nicht schon seit je her galt: Ja, das stimmt. Doch in den letzten Jahren ist etwas hinzugekommen, was die Strategieentwicklung noch anspruchsvoller macht. Um heute mithalten zu können, muss Ihre Strategie nicht nur stringent vorbereitet, sondern auch komplexitätskonform durchdacht und operationalisiert sein.

Es genügt nicht mehr, nur eine Materie oder eine Stellschraube zu durchdenken. Sie müssen das gesamte System, in dem diese eingebettet sind, in die Evaluationen mit einbeziehen.

Das bedeutet: richtig harte Strategiearbeit!

Aber haben Sie eine Wahl?

Wenn Erfolg träge macht

Die Beispiele, welche Konsequenzen es hat, sich dieser Mühe nicht zu unterziehen, häufen sich in den letzten Jahren.

Nehmen Sie das Exempel Karstadt: Nach allem, was in der Öffentlichkeit dazu bekannt ist, hat die Unternehmensführung den gesamten Trend zum

Online-Handel schlichtweg verschlafen beziehungsweise die Tragweite der Veränderung nicht erkannt. Die Option, strategische Gegenmaßnahmen zu ergreifen, wäre durchaus gegeben gewesen. Denn es entspricht nun wirklich nicht den Tatsachen, dass der Online-Handel für das Sterben des stationären Handels verantwortlich ist. Karstadt als damals noch erfolgreiches Handelsunternehmen hätte gegenüber den neuen Online-Playern sogar große Vorteile gehabt: Erstens hätte sich das Unternehmen über seinen direkten Zugang zum Kunden schneller und besser die nötige Datenbasis verschaffen können, zweitens verfügte es über große Retail-Erfahrung. Es hat diese Vorteile einfach nicht genutzt, um frühzeitig eine Multi-Channel-Strategie zu entwickeln. Der Verdacht liegt nahe, dass sich die Geschäftsleitung auf den früheren Erfolgsfaktoren wie der A-Lage ihrer Stores ausruhte, statt sich auf die nötige Strategiearbeit zur Akzeleration einzulassen.

Mag sein, dass es menschlich ist, dass Erfolg träge macht. Doch wer solche Züge an sich erkennt, kann dagegen handeln.

In diesem Punkt bin ich Alexander Kühnen, damals einem meiner Vorgesetzten bei Unilever, später CEO von Kühne und der Bahlsen Group, für folgende Inspiration sehr dankbar: »Fiona, hinterfrage ständig: Was wäre die Idee oder das Businessmodell, das dein eigenes Modell zu 100 % Prozent kannibalisieren könnte? Und genau das machst du! Wenn du es nicht machst, macht es ein anderer und du bist kannibalisiert.«

Dabei will ich gar nicht in Abrede stellen, dass viele Unternehmen dank eines herausragenden Bauchgefühls immer noch sehr gut funktionieren. Ich bezweifle nur stark, dass Intuition alleine, ohne die Logik als Mitspieler, noch in Zeiten erfolgreich sein kann, in denen KI sämtliche historische Daten in Minuten, wenn nicht gar Sekunden, verarbeiten und basierend darauf Empfehlungen und Simulationen errechnen kann.

Für den Fall, dass Sie sich in Zukunft auf eine Strategie verlassen möchten, die mit der Kombination Logik und Intuition Aufholmöglichkeiten verspricht – unabhängig von Ihrem aktuellen Ausgangspunkt –, lesen Sie im Folgenden die fünf Prinzipien dafür.

PRINZIP 1: UMFASSEND ANGELEGT

Aus meiner Sicht führt heute kein Weg mehr daran vorbei, dass Sie Ihre Strategie allumfassend anlegen und zwar konsequent. Warum das so ein essenzieller Faktor für ein erfolgreiches und lebendiges Fundament ist, will ich Ihnen an einem Beispiel aus meiner beruflichen Praxis demonstrieren.

Wider die Wachstumsbarrieren

Ich hatte 2019 bei der Übernahme einer neuen Position die Aufgabe erhalten, eine Absatzkanalstrategie für den Geschäftsbereich zu erstellen mit dem Fokus auf Vertrieb und Retail Marketing. Die Aufgabe war an meine Vorgänger stets in dieser funktionalen Abgrenzung gestellt worden, und die so erarbeiteten Strategien hatten funktioniert – bis zu einem gewissen Grad. Der Grund für die Limitierung war, dass auf diese Weise einige Potenziale unausgeschöpft blieben.

Bei der Analyse der Ursache wurde mir schnell klar: Nach den Updates zur Absatzkanalstrategie hatten an vielen Stellen die Rädchen innerhalb der Organisation nicht ineinandergegriffen. Um das zu ändern, musste ich also die Strategie entsprechend der Erkenntnisse der Systemtheorie systematisch ausbauen, um Wachstumsbarrieren zu beseitigen. Meine Erkenntnis war diese:

Eine Vertriebs- und Retail-Marketingstrategie funktioniert nicht ohne eine neue Brand-Marketingstrategie, die so zusammengefasst die sechs Ps des Marketings definieren – **P**rodukt, **P**latz, **P**reis, **P**romotion, **P**rozesse, **P**ersonen.

Doch diese Erweiterung allein genügt nicht. Gleichzeitig muss die Strategie von Mediabuchung und Contents für Produkte für die Marke weiterentwickelt werden. Darüber hinaus funktioniert die neue Strategie nicht ohne adäquate – heutzutage oft flexibilisierte – Logistik- und Servicemodelle, die je nach Absatzkanal zudem die Just-in-time-Lieferung auch von kleineren Mengen wie Kartons oder sogar Stück möglich machen.

Diese Prozesse wiederum performen nicht optimal ohne die Nutzung von mehr Daten und Datenanalyse. Das geht über das reine Sammeln der Daten weit hinaus: Die Daten müssen mit einer präzisen, konsumentenzentrierten Fragestellung ausgewertet werden, um verwertbare Erkenntnisse zu gewinnen. Und das funktioniert nicht ohne qualifizierte Mitarbeitende mit einem Verständnis für das gesamte Geschäftsmodell sowie performante IT-Systeme und Back-Office-Prozesse, die mit diesen Datenmengen umgehen können.

Erst nachdem ich umfassend alle diese Funktionen mit in die Strategie einbezogen hatte, hatte ich die Gewissheit, dass wir damit im Go-to-Market, im Vertrieb und Retail-Marketing, erfolgreich agieren können …

Umfassend aus allen Perspektiven

Umfassend bedeutet, dass Sie im WAS Ihrer Strategie drei Perspektiven gründlich abdecken. Das entspricht auch meiner Vorgehensweise im eben skizzierten Beispiel.

Erstens erfassen Sie alle beteiligten Bereiche Ihrer Aufbau- und Ablauforganisation – interne Perspektive.

Zweitens beziehen Sie alle Touchpoints zwischen Ihrer Marke und Ihren Kunden ein – externe Perspektive.

Und drittens denken Sie darüber hinaus in zwei zeitlichen Dimensionen, denn eine gesamthafte Strategie bewegt sich auf der Zeitachse zwischen zwei Extrempunkten – zeitliche Perspektive.

Der eine Punkt liegt weit in der Zukunft: Sie entwickeln eine Vorstellung von den nächsten mindestens fünf, wenn nicht sogar zehn Jahren, abhängig von ihrem jeweiligen Produktlebenszyklus. Das ist nötig, damit Sie selbst schwache Signale für neue technologische Entwicklungen erfassen, die relevant werden könnten. Damit haben Sie das auf dem Schirm, was ich »Emerging Topics« nenne, also neue potenzielle Geschäftsfelder oder -chancen. Mit dieser Vorgehensweise verpflichten Sie sich quasi selbst, diese früh zu erkennen und zu testen.

Diese langfristige Betrachtungsweise erlaubt es Ihnen auch, die Vorbereitungszeiten und Investitionslinien für größere strategische Stoßrichtungen rechtzeitig abzusichern.

Der zweite Punkt auf der Zeitachse ist in wesentlich kürzerer Frist gesetzt, um Ihre Strategiearbeit als rollierende Planung zu gestalten. Sie aktualisieren also in der Regel jährlich mit Ihrem Team Ihre umfassende Strategie: Stimmen die Schwerpunkte, worauf Sie sich fokussieren und worauf nicht, noch? Wie haben sich Ihre »Emerging Topics« entwickelt? Müssen Sie weitere hinzunehmen? Können Sie einige von der Liste streichen, weil sie sich nicht bewahrheitet haben oder nicht zum Durchbruch gekommen sind?

Klingt alles logisch, nicht wahr? So logisch, dass ich mich manchmal frage, aus welchem Grund Unternehmen das nicht schon immer so gemacht haben und sehr viele es bis heute nicht tun.

Ich denke, die Antwort ist relativ simpel: Es war einfach nicht zwingend nötig.

Umfassend als Wettbewerbsvorteil

Als die Welt noch eindimensionaler, die Zahl der Handelskanäle und die der Vertriebs- und Marketing-Touchpoints deutlich geringer war als heute, hat es durchaus funktioniert, dass Unternehmen ihre Strategie in Silos gedacht und exekutiert haben. Die Reibungsverluste, die das mit sich bringt, waren aufgrund deutlich schleppender verlaufenden Entwicklungszyklen nicht so relevant.

Erst jetzt, nachdem die Welt so viel temporeicher geworden ist, fällt es den Unternehmen hart auf die Füße, wenn sie keine umfassende Strategie entwickeln, die alle Funktionen miteinander vernetzen. Das kommt sie teuer zu stehen, weil sie auf diese Weise Chancen nicht ausschöpfen beziehungsweise massive Wettbewerbsnachteile erleiden.

Was Ihnen anhand meiner Ausführungen sicher schon aufgefallen ist: Das Prinzip der umfassenden Strategie lässt sich nicht losgelöst von der Organisationsform und -struktur denken und erarbeiten. Ähnliches gilt für das Element Führung. Auf beides komme ich in den Kapiteln 5 und 6 vertiefend zu sprechen. Wobei dieses Prinzip 1 Dreh- und Angelpunkt für alle weiteren Prinzipien ist, die in den folgenden Kapiteln im Detail ausgeführt werden.

Vier essenzielle Aspekte der Struktur und Führung vor dem Hintergrund einer umfassenden Strategie möchte ich aber – quasi als Vorgeschmack auf die nächsten Abschnitte – an dieser Stelle schon einmal besonders hervorheben.

Aspekt 1: personenunabhängig und bleibend

Die Umsetzung einer umfassenden Strategie im Sinne eines BETTER BIG SYSTEM CHANGE ist stets ein langfristiger und kontinuierlicher Prozess. Definieren Sie daher, abgeleitet von der Strategie, die benötigten Rollen sowie die Persönlichkeitsmerkmale und Skills, die es braucht, um diese Rollen auszufüllen. So stellen Sie die passgenaue Besetzung von strategierelevanten Rollen sicher, unabhängig vom Nasenfaktor. Das scheint trivial, doch meiner Beobachtung nach ist die Realität in den Unternehmen oft noch so, dass die Rollen bereits mit Namen befüllt sind, lange bevor über solche Definitionen nachgedacht wird.

Und auf »Bleibendes« angelegt sollte Ihre Führung schon deshalb sein, weil aufgrund der stetigen und tiefgreifenden Umwälzungen heutzutage große und langfristige Veränderungsprozesse nötig sind. Sie sind üblicherweise nur über einen langen, also bleibenden, Horizont umsetzbar und greifen dann erst substanziell.

Aspekt 2: diversifiziert und divers

Ich habe in der Einführung zu diesem Kapitel bereits erwähnt, wie wichtig es heute ist, dass Sie Ihre Strategie komplexitätskonform gestalten. Dieser Stellenwert der Komplexität spiegelt sich darüber hinaus in der Zusammensetzung der Teams wider: Die Diversifizierung der Teams ist ein Schlüssel, um Komplexität zu meistern. Sie müssen alle Funktionen beinhalten, aber auf ein Konsumenten-Journey-Geschäftsmodell ausgerichtet sein. Monolithische, an einem Funktionsbereich ausgerichtete Einheiten taugen ebenso wenig mehr zum Erfolgsmodell wie solche, die versuchen alle Businessmodelle aus einer Hand zu steuern.

Gleiches gilt für Diversität im Team. Gerade dieser Aspekt kann schnell verloren gehen, wenn eine globale Organisation stark in einem Land verankert ist und so beispielsweise einzelne Nationalitäten einen überproportionalen Anteil in der Belegschaft stellen. Diversität ist deshalb ein Thema, das aktives Design braucht, weil es ein essenzieller Erfolgsfaktor ist in einem globalen Markt, der darüber hinaus vom Megatrend Individualisierung geprägt ist.

Aspekt 3: einbeziehend und verlässlich

Sie brauchen für eine tiefgreifende Transformation das Vertrauen Ihrer Stakeholder, sonst werden Sie spätestens in der Umsetzung scheitern. Eine Strategie, die auf Einbeziehung und Verlässlichkeit setzt, hilft Ihnen, dieses Vertrauen aufzubauen. Einbeziehung umfasst für mich in diesem Kontext Transparenz, Offenheit und das Vorhandensein von Raum für Resonanz und Gestaltung durch den Einzelnen. Dazu gehört, dass alle mit ihren Belangen fair berücksichtigt werden statt »one size fits it all«. Nehmen Sie zum Beispiel das Thema Mobiles oder Home Office: Das ist sicher ein wichtiger Diskussionspunkt, bei dem jedoch alle Parameter einzubeziehen sind – nicht jede Aufgabe ist für jedes Modell geeignet. Nach dessen Ausgestaltung ist Fairness von allen Seiten zu leben und zu erfüllen: vom Unternehmen wie von den Mitarbeitenden.

Sie beziehen alle Beteiligten mit ein, Sie bieten eine verlässliche Plattform für die Auseinandersetzung – damit schaffen Sie die Grundvoraussetzung, um die Schwungmasse Ihres Unternehmens in neue Schwingung zu bringen.

Aspekt 4: aktivierend und befähigend

Was die umfassende Strategie darüber hinaus braucht, ist ein konkreter Fahrplan, wie zwei Dinge sichergestellt werden können: erstens, dass alle Stakeholder erreicht werden und ein gemeinsames Verständnis entwickeln, und zweitens, dass alle, die wollen, sich einbringen können – und zwar mit entsprechender Befähigung und so der besten Version von sich selbst. Diese Potenziale gilt es bewusst zu aktivieren und zielführend zu nutzen.

Entsprechend relevant ist es, dass die Strategie berücksichtigt, dass …

- … die Führungskräfte und Mitarbeitende über Erkenntnisse und Fortschritte informiert werden.
- … sichergestellt wird, dass dieselben Inhalte zum wirklich selben Verständnis führen.
- … alle darüber hinaus geschult werden, um das WAS der Strategie mit dem richtigen WIE umsetzen zu können, zum Beispiel mittels neuer Prozesse, Werte, Arbeitsmethoden.

PRINZIP 1

Die Strategie – und sämtliche resultierenden Substrategien – sind allumfassend angelegt, und zwar konsequent.

Ausgehend von diesem fundamentalen Prinzip komme ich nun mit Ihnen zum zweiten Prinzip. Es hat ebenfalls einen universellen Charakter.

PRINZIP 2: NACHHALTIG GESTALTET

Nachhaltigkeit ist ein Querschnittsthema für alle Bausteine der Strategie, ähnlich wie das Thema Digitalisierung. Es gibt hier zwei Perspektiven, die mir gleichermaßen am Herzen liegen.

Da ist zum einen die Nachhaltigkeit im ursprünglichen Wortsinn, dem nachhaltigen Wirtschaften. Zum anderen die Kriterien von ESG, was in der aktuellen Debatte oft mit Nachhaltigkeit gleichgesetzt wird, sich korrekterweise aber auf den Umgang mit Umweltbelastungen – Environmental –, sozialen Missständen – Social – und gesetzlicher Compliance – Governance – bezieht.

Nachhaltig wirtschaften

Das nachhaltige Wirtschaften als Konzept hat seinen Ursprung in der Forstwirtschaft. Der Kerngedanke ist, mit den vorhandenen Ressourcen möglichst schonend umzugehen und auf deren langfristige, zweckerhaltende Nutzung zu achten. Dafür braucht es eine nachhaltige Implementierung. Und vor allem in großen Organisationen ist die Implementierung einer Strategie alles andere als trivial.

Was Sie für eine nachhaltige Umsetzung brauchen, sind zwei Dinge: Sie brauchen wiederkehrende, sich verstärkende Mechanismen in Form von Review-Prozessen, wie es sie in agilen Arbeitsprozessen bereits oft gibt. Und Sie brauchen klar definierte Kennziffern mit entsprechenden Zielvorgaben.

Da zur nachhaltigen Umsetzung dazugehört, dass Sie anhand der Ergebnisse dieser Review-Prozesse Ihre Strategie immer wieder nachkorrigieren und granularer ausrichten, lohnt es sich, intensiv über diese Kennziffern nachzudenken. Meine Erfahrung ist zum Beispiel, dass alleinig Output-Kennziffern wie Umsatz oder Profitabilität nicht ausreichen. Zwar können Output-Kennziffern einfach reported werden – sie lassen aber nur sehr bedingt erkennen, woran es hakt, wenn Ziele nicht erreicht oder übererfüllt werden.

Um zu aussagekräftigen Kennziffern zu gelangen, ist es wichtig zu verstehen und zu erfassen, was die tatsächlichen Einflussfaktoren auf den Unternehmenserfolg sind. Sie brauchen also ein Kennzahlensystem, das Input- und Output-Faktoren in einen Zusammenhang bringt.

Der Umsatz könnte zum Beispiel als eher naheliegende Kennziffer den Input-Faktor Marktwachstum haben. Darüber hinaus könnte allerdings relevant sein, wie lang die Lieferzeiten sind, wie viele Impressionen Ihre

Werbekampagne hatte, wie viele Produkte im Verbund gekauft wurden oder ob vielleicht nur eine Bevorratung stattgefunden hat.

Je besser Sie die Inputs Ihres Outputs verstehen, umso besser können Sie identifizieren, an welcher Stellschraube Sie Ihre Umsetzung noch nachkorrigieren sollten.

Die genannten Kennziffern betreffen das WAS der Strategie, also was soll erreicht werden. Die Nachhaltigkeit in der Umsetzung hängt jedoch in erheblichem Maße vom WIE ab, also den Prozessen. Entsprechend brauchen Sie aussagekräftige Kennziffern dazu. Ausschussquoten und Runtimes können hier zum Beispiel Hinweise geben oder die Entscheidungsgeschwindigkeit von strukturierten Innovationsprozessen.

Nicht zuletzt sind Input-Faktoren zum WER notwendig zur Klärung der Fragen: Wie gut ist der Match zwischen einzelnen Persönlichkeiten und den für die Funktion definierten Profilen? Wie bewähren diese sich für eine nachhaltige Gestaltung?

Sie können die Bedeutung dieses Nachhaltigkeitsprinzips bei der Implementierung kaum hoch genug bewerten, denn – wie erwähnt – scheitern mühsam erarbeitete umfassende Strategien oft genau daran. Deshalb ist es aus meiner Sicht genauso wichtig, eine Strategie aus einem tiefen Verständnis für die Zusammenhänge heraus und ressourcengerecht zu gestalten, wie es wichtig ist, sie umfassend zu gestalten.

Für die gelingende Umsetzung eines BETTER BIG SYSTEM CHANGE ist auch der zweite Teil der Nachhaltigkeit essenziell.

Die drei Facetten von ESG leben

Vision, Ziel und Strategie müssen die Kriterien von ESG berücksichtigen. Für viele Unternehmen des europäischen Raums ist das bereits gesetzlich vorgeschrieben. Für diese ist ESG also eher ein Hygiene- als ein Wettbewerbsfaktor.

Aber selbst unabhängig von gesetzlichen Vorgaben ist es heute unerlässlich, diese Kriterien umzusetzen, ganz einfach, weil sich die Ansprüche der Kunden und Investoren dahin gehend verändert haben. Unternehmen, die die ESG-Kriterien missachten, werden über kurz oder lang abgestraft.

Darüber hinaus sind Kunden immer gleichzeitig potenzielle Mitarbeitende. Das heißt, ESG-Konformität ist auch für Talentgewinnung und -bindung relevant.

Lassen Sie mich nachfolgend die drei Säulen von ESG kurz umreißen.

- Bei »Environmental« geht es darum, die Umweltbelastung zu minimieren, sowohl beim Sourcing der Rohmaterialien und bei der Fertigung der Produkte als auch bei der Inverkehrbringung und der Art und Weise, wie Konsumenten über die Produktnutzung informiert werden und diese schlussendlich nutzen.
  Hier ist es wichtig, entsprechende KPIs und Zielgrößen zu setzen. Das gilt ebenso für die Aufklärung der Konsumenten, und zwar nicht nur zur adäquaten Nutzung. Oft genug ist eine Vorabaufklärung nötig, damit die Artikel überhaupt erst gekauft werden. Ich erwähne das so explizit, weil ich einige Beispiele kenne, wo Konsumenten misstrauisch reagierten, wenn ein Produkt aus Nachhaltigkeitsgründen bei gleichem Inhalt in kleineren Verpackungen angeboten wird. Ich habe das unter anderem erlebt, als Unilever und andere Unternehmen dank eines neuen Komprimierungsverfahrens dieselbe Menge Deodorant in kleinere Dosen verpacken konnten und damit weniger Verpackungsmaterial verbrauchten. Die Konsumenten aber argwöhnten zunächst, dass ihnen weniger Ware für denselben Preis untergejubelt werde. Solche Sorgen gilt es zu nehmen.
- Zu den sozialen Kriterien gehören zum Beispiel faire Entlohnung, Engagement in der eigenen Community – Stichwort: Corporate Citizens – und keine Kinderarbeit.
  Zu diesem Punkt gehört aber darüber hinaus – und hier überschneidet sich dieses Prinzip mit einigen anderen –, dass Chancengleichheit und Diversität abgebildet und gefördert werden.
- Nicht zuletzt muss die Governance jederzeit sichergestellt werden, sprich die Einhaltung von Compliance und ethischen Businessregeln. Dazu gehört, dass Sie keine Abhängigkeiten entstehen lassen: Im Unternehmen sollten keine Entscheidungen unter Angst getroffen werden müssen. Keine Mitarbeitenden sollten zudem in die Gefahr geraten, Korruption zustimmen zu müssen, nur weil es dem Unternehmen nicht gelungen ist, Alternativen zu diesem einen Supplier oder Kunden zu entwickeln.

Alle diese Kriterien sind in der Strategie dringend zu berücksichtigen. Der Beobachtungsdruck, unter der die Unternehmen seitens der Medien und der Öffentlichkeit stehen, ist groß. Jeder Verstoß kann die Reputation erheblich schädigen und die Beschleunigungskraft der umfassenden und gut ausgearbeiteten Strategie im Markt beeinträchtigen.

PRINZIP 2

Die Strategie ist nach den Kriterien der Nachhaltigkeit gestaltet, im ursprünglichen Sinne des Begriffes wie im Sinne von ESG.

Während Prinzip 1 und 2 sich den übergeordneten Aspekten einer gesamthaften Strategie widmen, wird es nun in Prinzip 3 deutlich konkreter.

PRINZIP 3: GENERALISTISCH HANDELND

Um das Prinzip 3 zu durchdringen, machen Sie sich am besten noch einmal bewusst, wie relativ eindimensional die Verkäuferwelt früher war: Vereinfacht gesagt, gab es nur eine Hauptaufgabe, und die hieß »Verkaufen«: War die Ware erst einmal zum Händler geliefert, galt es nur noch, auf eine Platzierung im Laden zu drängen, die geeignet war, dass die Konsumenten direkt »dagegenliefen«. Ein klassischer Push-Ansatz – das Produkt war da, die Kunden kauften.

Das ist heute anders: Das Produkt muss den Kunden überzeugen, damit eine Auseinandersetzung erfolgt. Damit sind Sie beim Pull.

Locken statt drücken

Die Gründe für diese Entwicklung habe ich in Kapitel 2 »Abgehängt!« beschrieben. Zusammenfassend lässt sich sagen: Das Machtverhältnis hat sich verschoben hin zu den Kunden. Waren sie früher weitgehend auf die Informationen angewiesen, die ihnen Hersteller und Händler zukommen ließen, ist der Zugang dazu inzwischen – forciert vom Gesetzgeber in Europa – stark demokratisiert. Die Kunden haben deutlich mehr Quellen, aus denen sie sich informieren können, und sind entsprechend aufgeklärter.

Hinzu kommt, dass darüber hinaus der Zugang zu den Produkten durch eCommerce niedrigschwelliger geworden ist: von der Auswahl in den Regalen eines Ladengeschäfts, die schon aus rein räumlichen Gründen beschränkt war und ist, hin zu den schier unendlich langen »Regalen« eines Online-Händlers. Ließ sich die Aufmerksamkeit der Konsumenten in einem Geschäft noch relativ gezielt und auf weitreichend erforschte Vorgehensweise lenken, ist das bei der Vielfalt der Produkte und Kanäle mit den klassischen Mitteln nicht mehr möglich.

So bewegen sich die Kunden in der heutigen Welt zwischen zwei Polen: dem schier unendlichen Angebot von Millionen von Artikeln bei den eCommerce-Händlern auf der einen Seite und dem einen Artikel, den zum Beispiel der Influencer präsentiert oder der über Voice Commerce angeboten wird, auf der anderen. Daher müssen die Kunden aktiv angeregt werden, nach einem bestimmten Produkt Ausschau zu halten. Es muss ihnen präsent sein und relevant erscheinen, um eine Chance zu haben.

Deshalb hat der Pull-Ansatz im Laufe des Wandels so eklatant an Bedeutung gewonnen. Und das hat Konsequenzen für die Aufgaben, die der Rolle des Verkäufers oder Key-Account-Managers zukommen.

Die Konsequenzen

Das klassische Rollenprofil von Verkäufern und Key-Account-Managern (KAM) sieht starke Skills im Bereich Verhandlung, Verkauf und Beziehungsaufbau vor. Diese drei Fähigkeiten sind weiterhin wichtig, doch das Profil muss im Zuge des Wandels um ein »General-Manager«-Verständnis erweitert werden. Denn der Job von Herstellern ist eben nicht mehr beendet, sobald das Produkt im Laden steht. Heute steht der Verkauf in der Verantwortung, dass Kunden das Produkt ausgehend von den Kanal- und Händlerspezifika suchen und finden.

Damit sie den nötigen Pull erfolgreich kreieren können, ist es entscheidend, dass generalistisch agierende Verkäufer/KAM die gesamte Wertschöpfungskette überblicken und verstehen – sie brauchen ein generalistisches Verständnis. Selbst die technologischen Möglichkeiten lassen sich nur dann in ihrem vollen Potenzial nutzen, wenn das Verständnis dafür vorhanden ist. Am Beispiel von Shein oder Temu erahnen Sie bereits, welchen Vorteil es bringt, die komplette Wertschöpfungskette von User-Bedarfsidentifikation bis zurück zur Produktion zu bedienen.

Dieser generalistische Ansatz beinhaltet, dass der Verkäufer/KAM jede einzelne Station, an der die Kunden mit dem Produkt in Kontakt kommen bis hin zum Kauf und darüber hinaus, quasi rückwärtsgehen können muss. Dann erst kann er oder sie die einzelnen Stationen und Aufgabenstellungen verstehen, die benötigt werden, um diesen Pull entsprechend des gesamthaften 360°-Strategieansatzes in die Umsetzung zu bringen.

Was bedeutet das konkret?

Pull-Effekt: Wer und was wird gebraucht?

Lassen Sie mich mit Ihnen diese User Journey einmal auszugsweise durchgehen – wir rollen die Wertschöpfungskette vom Point of Sale an zurück.

Natürlich bleibt es weiterhin die ureigenste Aufgabe des Verkäufers, mit den entsprechenden Kunden und Partnern gemeinsame profitable Businesspläne zu entwickeln und Jahresplanungen aufzustellen, in denen die Standard- und Exklusivsortimente in definierten Umfang vertrieben und beworben werden. Doch dadurch sind diese Produkte – wie oben ausgeführt – außer in den Regalen im stationären Geschäft noch nicht wirklich visibel.

Im Online- und im Social-Media-Bereich sind auf der Seite 1 bestenfalls zehn bis 15 Produkte vorhanden, im schlechtesten Fall nur eines. Der Rest verschwindet in den Hunderten weiteren Seiten oder Influencer-Posts. Kaum ein Kunde macht sich die Mühe, dort nach dem gewünschten

Produkt zu suchen. Ein generalistisch agierender Verkäufer/KAM muss also sicherstellen, dass der Kunde auf der ersten Seite auf sein Produkt stößt. Um das zu erreichen, ist eng verzahnt die gesamte Advertising-, Media- und Marketingfunktion vonnöten: Das Advertising sorgt für den gewünschten Anteil an Kontakten relativ zum Mitbewerber, die Mediaausgestaltung dafür, dass das Produkt an allen relevanten Touchpoints gefunden werden kann, und das Marketing für die Präsenz in den weiteren Marketingkanälen.

Aber damit ist es nicht getan, denn es geht auch darum, das Produkt konsistent über alle Touchpoints zu präsentieren, unabhängig davon, wer die verschiedenen Kreativmaterialien, Visualisierungen, Texte, Videos, Audioelemente kreiert – ein einheitliches Markenerlebnis muss gewährleistet sein. Das heißt, dass der Content-Bereich entsprechend einbezogen sein muss. Darüber hinaus bedarf es im Online-Bereich einer effektiven Unterstützung der Data- und Analytics-Teams, um den Content suchoptimiert darzustellen.

Was darüber hinaus in das Aufgabenspektrum des generalistisch agierenden Verkäufers/KAM hineingehört, ist das Monitoring von Ratings und Reviews. Egal, ob das Thema vonseiten des Marketings oder des Qualitätsmanagements betreut wird, sollte er oder sie dieses Feld eng überwachen. Denn hier besteht eine direkte Kausalität auf den Absatz, und die ist entsprechend zu managen.

Diese Maßnahmen helfen jedoch alle nichts, wenn die Produkte nicht verfügbar sind.

Und es braucht noch mehr …

Da einerseits die Verkäufe deutlich dynamischer stattfinden und andererseits selbst nach dem Durchrütteln der Lieferkette nach wie vor Just-in-time-Lagerhaltung betrieben wird, müssen die Logistikexperten und das Distributionsmanagement eng mit einbezogen werden. Das gilt umso mehr, da – im Unterschied zum Offline-Handel – online eine »Lücke im Regal«, selbst wenn sie nur über einen kurzen Zeitraum besteht, zu einem nachhaltigen Verlust des Produktrankings führt. Das mühsam erarbeitete Ranking des Produkts geht verloren, der Algorithmus, der keine Beziehungsebene kennt, straft das Fehlen ab: Das Produkt rutscht ab, selbst wenn es zuvor auf Platz 1 war. Und sich von Platz 35 dann wieder hinaufzuarbeiten, ist teuer.

Gleichzeitig ist die Conversion extrem wichtig: Der Verkauf sollte möglichst umgehend stattfinden, sobald die Aufmerksamkeit des Konsumenten da ist. Um das zu forcieren, sind Promotion und Events mit den anderen genannten Funktionen so zu orchestrieren, dass sie Hand in Hand stattfinden.

Ebenfalls Hand in Hand arbeiten muss ein generalistisch aufgestellter Verkauf mit dem Business Development, Insight-Generierung und Automatisierung. Heute liegen sehr viel größere Datenmengen vor als früher. Doch deren Mehrwert liegt nicht darin, sie zu besitzen. Der Mehrwert liegt darin, die passenden Datenextrakte anhand der richtigen Fragen zu analysieren. Nur so lassen sich damit all die genannten Prozesse feintunen und erfolgreicher ausgestalten. Um die wirklich businessrelevanten Fragen zu entwickeln und zu beantworten, bedarf es dieses engen Austauschs. Gleiches gilt für Finance und das Sales-Operations-Management.

Doch damit bin ich immer noch nicht am Ende des generalistischen Bogens angelangt: Aufgrund der Komplexität ist es darüber hinaus relevant, die Kostenstruktur aktiv mitzumanagen. Schließlich können die größere Bearbeitungsbreite und -tiefe naturgemäß zu höheren Kosten führen, wobei im ersten Schritt nicht zwingend mehr Umsatz generiert wird. Deshalb muss ein generalistisch aufgestellter Verkäufer/KAM stets gut überlegen, wie sich abseits der reinen Konditions- und Preisverhandlungen Kosten über die gesamte Wertschöpfungskette hinweg einsparen lassen. Ein kleines Beispiel dazu: Vielleicht lassen sich durch Verzicht auf Umverpackungen in einigen Kanälen sowohl Kosten senken als auch Nachhaltigkeitsziele bedienen.

Damit nicht genug …

Sie sehen also: Es ist eine Vielzahl von Einzelaufgaben, die entlang der Wertschöpfungskette und den Touchpoints mit den Konsumenten strategisch zu bedenken ist, um jenen Pull-Effekt zu erzielen, den es heute braucht. Und der Anspruch an die Rolle des generalistisch agierenden Verkäufers/KAM wird durch eine weitere Eigenschaft der »neuen Verkaufswelt« noch gesteigert: Diese Welt ist nicht nur komplexer, sie toleriert auch weniger Fehler.

Im Unterschied zu einem stationären Geschäft vergisst »Online« eben nicht. Deshalb gilt: Wo früher vor allem die Beziehungsebene den Unterschied machte, kommt heute die exzellente Bearbeitung des Prozesses im Operativen dazu.

Damit sage ich nicht, dass gute Beziehungen aufzubauen kein Erfolgsfaktor für Verkäufer/KAM ist. Diese Fähigkeit ist immer noch wichtig – in allen Kanälen. Für einen Großteil der Kanäle aber zählt die Kompetenz, Prozesse exzellent operativ umzusetzen, für einen bleibenden Erfolg heute ungleich mehr.

Im händlereigenen Pull-Interesse

Jetzt könnten Sie sich fragen, ob dieses Prinzip des generalistischen Handelns nur für Hersteller greift. Tatsächlich gilt es für die Händlerseite genauso.

Warum das so ist, wird klar, wenn Sie bedenken, was das Interesse von Einkäufern ist: Diese profitieren – wie ich aus eigener Erfahrung sagen kann – davon, wenn die KAM ihrer Lieferanten generalistisch aufgestellt sind. Denn wenn die Marke es nicht schafft, den Pull zu kreieren, kann der Händler seinen Umsatz nicht realisieren.

Aus zwei Gründen verschaffen sich Einkäufer daher einen Vorteil, wenn sie selbst verstehen, was nötig ist, um einen Pull-Effekt zu kreieren: Erstens wissen sie nur dann, wie ihr eigenes Handelsunternehmen das Instrumentarium – über alle relevanten Touchpoints hinweg – so verzahnt gestalten kann, dass ein Pull-Effekt möglich ist. Und zweitens können sie nur dann ihre Lieferanten entsprechend unterstützen und verpflichten, auf dass diese den Pull-Effekt erzeugen. Guter Beziehungsaufbau gepaart mit exzellentem Prozessverständnis hilft also auch hier.

Beschleunigung mit Generalisten

Zusammenfassend möchte ich hervorheben, welche zentrale Aufgabe der Verkäufer/KAM – beziehungsweise der Einkäuferrolle – im Sinne von MAKING THE PACE in der Strategie zukommt und entsprechend zu berücksichtigen ist: Wer die Rolle bekleidet, muss den Pulsmesser jederzeit am Kunden bzw. Konsumenten und am Zeitgeist haben, erkennen, wer und was benötigt wird, um Produkte erfolgreich verkaufen zu können – welche Funktionen, welche Aufgaben und welche gemeinsamen Prozesse. Und diese Gesamtheit muss er oder sie darüber hinaus koordiniert in die Umsetzung bringen.

Sie sind diejenigen, die vermitteln zwischen dem Unternehmen und den Kunden. Sie sind somit eine integrale Schnittstelle, denn jedes Unternehmen möchte am Ende verkaufen. Umso wichtiger ist, dass Verkäufern/KAM/Einkäufern heute dieses generalistische Verständnis in der Strategie zugesprochen wird und sie dieses entwickeln, um die Prozesse entsprechend zu steuern und alle Verkaufspotenziale ausschöpfen zu können. Das entspricht meiner Erfahrung sowie meiner Überzeugung – und das nicht nur, da ich ursprünglich in Vertrieb und Marketing zu Hause bin. Schon bei Amazon habe ich über hundert Lieferanten gesehen und kann Ihnen bestätigen: Unternehmen, die diese generalistische Aufstellung bereits lebten, sind erfolgreicher.

PRINZIP 3

Die Strategie setzt auf generalistisch handelnde Mitarbeitende in den Absatzfunktionen.

Der Anspruch an diese generalistische Vorgehensweise ist nicht gleichbedeutend damit, dass der- oder diejenige alle Aufgaben selbst ausführt. Es geht darum, alle Unternehmensfunktionen wohl zu orchestrieren. Was ich damit meine, lesen Sie in Prinzip 4.

Klare Zielvorgaben

Befähigen = 1. kontinuierlich Lernen
2. Wissensaustausch
3. Feedback

KPI zu Ziel 1: – wo am meisten Anfrage auf den Projekte?
jetzt ↳ welcher Bereich ist am einfachste + gut bearbeitbar!
welche Konkurrenz gewinnt die Projekte? – welche Leuchtturmprojekte wollen wir Akquise
morgen
– Preisweise der Zukunft > DL Entwicklung
Zukunft
jetzt / morgen – wo erreichen wir den Kunden
↳ touchpoints

PRINZIP 4: WOHL ORCHESTRIERT

»Orchestrieren« – der Begriff ruft das Bild eines Konzertsaals hervor. Das ist gewollt. Denn mit der Strategie ist es wie in der Musik: Wollen Sie mit einem Orchester eine Komposition spielen, müssen Sie diese zunächst in eine Partitur überführen.

Den Gesamtklang sicherstellen

Diese Partitur gibt vor, wer wann spielt, in welcher Tonhöhe, in welcher Lautstärke, in welchem Tempo, mit welchen Pausen, welchen Soloparts, welchen Crescendo- oder Decrescendo-Passagen. Erst die Partitur sichert ab, dass jeder mit seinem Instrument seinen Beitrag zum großen Ganzen leisten kann. Dieser individuelle Beitrag ist klar definiert und befördert gleichzeitig den spezifischen Gesamtklang. Und über die Ausführung dieser Partitur wacht der Dirigent.

Diese Metapher passt sehr gut auf die Operationalisierung der Strategie, weil es zum einen darum geht, die Strategie in die Umsetzung zu bringen, und zum anderen, dessen zielgeleitete Ausführung sicherzustellen.

Der einzige Unterschied zwischen der Musikmetapher und der Unternehmensrealität ist: Der Dirigent hört sofort, wenn die Klarinette fehlt oder wenn die erste Geige ihr Solo verpatzt. Bei der Operationalisierung einer Strategie sind solche Abweichungen leider selten so hörbar und offensichtlich. Sie braucht daher neben einer wohl orchestrierten Partitur gründlich durchdachte und gut implementierte Mechanismen, um frühzeitig herauszuspüren, wenn Einzelne nicht am großen Ganzen mitwirken, um ein optimales Ergebnis sicherzustellen.

Das Ziel der Umsetzung wird von der Strategie vorgegeben. Dazu gehört – für Industrie wie für Händler – auf jeden Fall ein besonderer Fokus auf den hinteren Teil der Wertschöpfungskette. Es geht darum, wirklich alle Touchpoints aus einer Hand stringent zu bedienen, damit die Marke, das Produkt ihren vollen Klang entfalten kann.

Drei spezifische Fragen eignen sich ganz besonders, Ihre Arbeit der Orchestrierung Ihrer Touchpoints zu strukturieren. Ich habe diese Fragen mit meinen Teams in der Praxis erfolgserprobt und werde sie Ihnen anhand eines Beispiels veranschaulichen.

Drei Fragen für eine Orchestrierung

In den Unternehmen ist es meiner Beobachtung nach immer noch oft der Fall, dass Disziplinen in Silos angelegt werden: Es gibt ein Brand Marketing, Retail Marketing und vielleicht sogar noch ein Trade Marketing sowie ein Online- und ein Offline-Marketing. Jeder dieser Bereiche bedient seine jeweilige, reduzierte Anzahl an Touchpoints – zumeist ohne Abstimmung untereinander.

Das funktioniert nicht mehr. Falls Sie sich fragen, warum: Nun, haben Sie bei Ihrem privaten Einkauf schon einmal überlegt, was für eine bestimmte Marke ein Retail-Touchpoint und was ein Brand-Touchpoint ist? Oder differenzieren Sie, ob Sie eine Marke online oder offline wahrnehmen? Ich nicht. Sie vermutlich ebenfalls nicht. Und die allermeisten anderen Konsumenten ebenso wenig.

Tatsache ist, dass jeder Touchpoint zählt und jeder Touchpoint dem Konsumenten eine Möglichkeit gibt, sich mit einer Marke auseinanderzusetzen. Und je unterschiedlicher die Erlebnisse für die gleiche Marke an verschiedenen Touchpoints sind, umso geringer ist die Erinnerungswirkung. Aus der Marktforschung ist hinlänglich bekannt: Sie müssen bestimmte Marken-Symbole stringent wahrnehmen, um sie korrekt zuzuordnen und zu erinnern.

Vor dem Hintergrund der veränderten Handelslandschaft und der komplexeren Vertriebs- und Marketingstrukturen ist es deshalb wichtig, dass Sie die Bedienung aller Ihrer Touchpoints in einen stringenten, einheitlichen Prozess überführen.

Die drei Fragen, von denen Sie sich dabei leiten lassen, sind:

- Was wollen wir erreichen?
- Wie erreichen wir das?
- Wo erreichen wir das?

Gehen wir die drei Fragen eine nach der anderen durch.

Orchestrierungsfrage 1/3: Was wollen wir erreichen?

Am Beginn steht Ihr übergeordnetes großes Ziel: eine Umsatzsteigerung, eine Gewinnsteigerung etc. Damit Sie dieses Ziel erreichen, brauchen Sie eine klare Vorstellung, was Sie wie und wo entlang der kompletten User-Journey oder des Marketing-Funnels erreichen können und wollen. Dafür wiederum bedarf es zwei Dinge: Erstens eines sehr granularen Verständnisses der unterschiedlichen Schritte und der Zusammenhänge. Und zweitens – getreu dem Motto »You measure what you treasure« – einer Zielsetzung jeder einzelnen KPI entlang einer kompletten Vertriebs- und Marketingjourney, heruntergebrochen auf Zeitintervalle.

Um Ihnen dazu ein Beispiel zu geben, stellen Sie sich bitte vor, Sie wollen ein Umsatzziel von 650.000 € im ersten Quartal 2024 erzielen. Nun ist die Frage, wie stark der Werbedruck sein muss, damit Sie dieses Ziel erreichen.

Um die Antwort zu ermitteln, sehen Sie sich zunächst die einzelnen KPIs an, idealerweise auf Basis von Benchmarks dazu, was in der Kategorie erreicht werden kann. Die Ergebnisse zeigen, dass Sie für jeden Besuch auf einer Ihrer Produktdetailseiten mit einer Kaufrate von 0,02 % rechnen können. Sie dürfen daher davon ausgehen, dass Sie für den anvisierten Umsatz bei einem definierten Durchschnittsverkaufspreis 225.000 Besuche auf Ihrer Detailseite brauchen. Da Sie gesehen haben, dass die Detail-Page-View-Rate 0,64 % beträgt, ist klar: Sie brauchen 3.500.000 Klicks von Ihrer Kampagnenseite aus. Und da die Click-Through-Rate von Ihrem ausgespielten Marketing bei 1,00 % liegt, brauchen Sie dementsprechend insgesamt 35 Millionen Impressionen, um die 650.000 € Umsatz zu erzielen.

Darüber hinaus sehen Sie sich natürlich an, welche Kanäle wie viel maximale Reichweite und maximale Impressionen hergeben. So können Sie determinieren, welches realistische Umsatzziel Sie jeweils setzen können.

Anschließend überlegen Sie sich das Wie.

Orchestrierungsfrage 2/3: Wie erreichen wir das?

Zu diesem Wie gehören unter anderem klassische Marketingfragen wie diese: Können wir an jedem Touchpoint dasselbe Kampagnenbild, dieselben Texte verwenden oder sollten wir da differenzieren?

Angesichts der Vielzahl der Touchpoints heutzutage ist aus meiner Erfahrung essenziell, dass Sie sich gut überlegen, wo der Konsument im Moment des jeweiligen Kontakts wohl gerade steht: Befindet er sich noch in der Aufmerksamkeitsphase oder bereits in der tieferen Überlegung, ein Produkt zu kaufen? In der Aufmerksamkeitsphase gilt es, eher Informationen und Benefits in den Vordergrund zu stellen, während in der Kaufphase Call-to-Actions einbezogen werden sollten. Alles abgeleitet von Ihrer spezifischen User Journey, da die Grenzen zwischen der Nutzung einzelner Touchpoints für explizite Zwecke mehr oder weniger verschwimmen.

Sie sehen: Auch an dieser Stelle gilt es eine neue Vielschichtigkeit abzubilden und komplexitätskonform zu agieren.

Orchestrierungsfrage 3/3: Wo erreichen wir das?

In diesem abschließenden Schritt entscheiden Sie, welche Mediakanäle und welche expliziten Platzierungsformate Sie buchen, um die Botschaft zu unterstützen. Dabei kann und darf es keine Rolle mehr spielen, ob der jeweilige Touchpoint in der Vergangenheit dem Retail oder der Marke zugeordnet war – Sie lassen sich auch hier konsequent nur noch von Ihrem Kunden leiten.

Testen, testen, testen

Falls Sie sich nun fragen, wo Sie

- die Benchmarks herbekommen für das, was Sie erreichen wollen,
- wo die Inspiration, wie Sie es erreichen,
- wo das Wissen, wo Sie es erreichen:

Sie können dafür natürlich mit entsprechenden Agenturen zusammenarbeiten. Was meiner Erfahrung nach aber das wertvollere Vorgehen ist:

Testen Sie es selbst. Und testen Sie es möglichst früh, sobald neue Touchpoints und Kanäle aufkommen. So finden Sie heraus, wie diese Touchpoints funktionieren, wo Sie mehr Aufmerksamkeit, wo Sie eine bessere Conversion-Rate erzielen und wo Sie kannibalisiert werden könnten. Auf dieser Basis können Sie strategisch entscheiden: Skalieren wir oder verwerfen wir diese Option?

Ich vergleiche dieses Vorgehen gerne mit Sport: Eigene Muskeln bauen Sie nur auf, wenn Sie selbst in Bewegung kommen. Und eigene Touchpoint-Expertise erlangen Sie nur, wenn Sie eigene Erfahrung damit sammeln, reflektieren und Schlüsse daraus für Ihre Branche, Ihr Unternehmen ziehen.

Auf einen weiteren spannenden Punkt bei der Operationalisierung Ihrer Strategie möchte ich Sie daher noch explizit hinweisen – gerade weil er im früheren Marketingkanon maximal heißt diskutiert, aber bislang selten zielgeleitet umgesetzt wurde. Heute kann genau dieser Punkt erfolgsentscheidend sein.

Touchpoint »Community« als Instrument

Eine eigene Community als selbst kreierter uniquer Touchpoint bekommt laufend mehr Relevanz, für Hersteller wie für Händler.

Deren Entwicklung sollte gut durchdacht und begleitet werden, denn die Community bringt Ihrem Unternehmen unabhängig von Absatzmöglichkeiten einen wichtigen strategischen Vorteil. Über Ihre Community können Sie in direkte Auseinandersetzung mit den Kunden und Konsumenten gehen, um in relativ geschütztem Raum zum Beispiel gemeinsam aufstrebende Kanäle und technologische Neuerungen zu testen.

Die Erkenntnisse sind vor allem dann hilfreich, solange noch unklar ist, ob und wie diese Neuerung die Kundenbedürfnisse deckt – Metaverse ist ein aktuelles Beispiel. Das Feedback, das Sie von Ihrer Community erhalten, hilft Ihnen bei der Feinjustierung Ihrer Strategie: Sollten Sie dieses neue Element in Ihre Partitur aufnehmen, um nicht an Geschwindigkeit zu verlieren, oder nicht?

Wichtig zu wissen: Um den größten Nutzen aus diesem »Touchpoint« zu ziehen, geht es weniger um die schiere Größe Ihrer Community, sondern mehr um die sorgfältige Auswahl von deren Mitgliedern. Für Ihre geschwindigkeitsreiche Pionierarbeit brauchen Sie schließlich Benchmarks, wie gut Sie Ihre Marke auf diesem neuen Kanal oder über die neue Technologie präsentieren. Und dafür wollen Sie nicht irgendjemanden fragen, sondern ganz gezielt, je nach strategischem Ziel, zwei Gruppen.

Das können zum einen Personen sein, die bereits überzeugte Käufer Ihrer Marke sind, Ihre Positionierung verstehen und schätzen, also quasi Fans. So stellen Sie sicher, dass Sie mit der Art, wie Sie Ihre Marke nun testweise präsentieren und dehnen, Ihrem Markenkern treu bleiben und sich weiterhin mit den bisherigen Stärken differenzieren.

Zum anderen können das Zielgruppen sein, die ein Problem haben, das Sie mit Ihrer Marke lösen, und die Ihre Marke schon entsprechend wahrnehmen, aber noch nicht kaufen. Sie wollen dabei herausfinden, warum sie noch keine Käufer sind und ob der neue Ansatz der Schlüssel zum Erfolg ist: Kann der neue Kanal, das neue Feature vielleicht die Kaufbarriere beseitigen?

Tatsächlich werden Sie meist beide Gruppen in Ihrer Community haben wollen, weil Sie sich neue Potenziale bei bestehenden und potenziellen Käufern erschließen wollen.

Ihre Community ähnelt in diesem Sinne einem eigenen Marktforschungspanel und ist für die Erfassung der sich ständig weiter entwickelnden Bedürfnisse der Kunden ausgesprochen hilfreich.

PRINZIP 4

Die zielgerichtete und wirksame Umsetzung der Strategie über alle Touchpoints erfordert einen wohldurchdachten Implementierungsplan sowie funktionierende Testmechanismen.

In diesem Prinzip ist wieder deutlich geworden, wie hochkomplex und anspruchsvoll es aufgrund der Vielzahl von Touchpoints geworden ist, diese stringent und aus einer Hand rund um die Uhr zu bedienen. Das untermauert meine Aussage, dass der Wandel nicht einfach mit einem Mehr an Personal, einem Mehr an menschlicher Intelligenz, skalierbar und profitabel zu bewältigen ist. Wie können Sie also diese Komplexität kompetitiv meistern?

Die Antwort ist: mit Technologien im Allgemeinen und KI im Besonderen. Darum geht's im nächsten und letzten Prinzip zur Strategie.

PRINZIP 5: KI-GESTÜTZT

Künstliche Intelligenz, KI, ist ein Thema, zu dem sehr viele und sehr divergierende Meinungen geäußert werden. Die abweichenden Definitionen, die unterschiedliche Akteure dabei zugrunde legen, sorgen oft für zusätzliche Verwirrung. Deshalb möchte ich meinen Ausführungen eine Definition von KI im Kontext der erfolgreichen Unternehmenssteuerung voranstellen.

Wie intelligent ist Künstliche Intelligenz?

Tatsache ist, dass KI nicht gleichzusetzen ist mit menschlicher Intelligenz. KI stellt vielmehr – ganz einfach erklärt – den Versuch dar, menschliches Denken und Lernen automatisiert umzusetzen, was es der KI ermöglicht, »eigenständig« Antworten zu finden und »selbstständig« Probleme zu lösen.

Der Vorteil, den diese Anwendung bietet, ist, dass sie ein deutlich höheres Maß an Geschwindigkeit, Skalierung und Komplexitätsbewältigung erreicht als ein Mensch, da parallele Prozessoren ungleich schneller arbeiten können und KI-Software Zugriff auf riesige Datenmengen hat. Die verschiedenen KI-Softwareverfahren entwickeln sich rasant und werden zunehmend integriert. Der Klassiker »Symbolische KI« erfüllt eine vorgegebene Aufgabe mit Hilfe von logischen Schlussfolgerungen. Damit ist der Prozess, der zum Ergebnis führt, erklärbar. Aktuelle Verfahren der »Neuronalen KI« wie zum Beispiel ChatGPT funktionieren in Anlehnung an die neuronale Vernetzung im Gehirn und nutzen statistische Methoden. Wie der Prozess dieses sogenannten maschinellen Lernens funktioniert, ist jedoch nicht immer erklärbar. Ein geschulter intelligenter Umgang ist daher nötig für die optimale Nutzung der leistungsfähigen KI-Verfahren.

Bleibt die Frage: Ist KI Fluch oder ist KI Segen?

Das ist einfach zu beantworten: Je nach Perspektive kann sie im Businesskontext beides sein, wenn auch vielleicht anders, als Sie denken. Da KI heute schon ein unersetzliches Hilfsmittel ist, um Skalierbarkeit vor dem Hintergrund der veränderten Handels-, Vertriebs- und Marketingwelt zu erreichen, ist sie für diejenigen ein Segen, die sie gezielt einzusetzen verstehen. Ein Fluch ist sie dagegen für alle Unternehmen, bei denen nur die Konkurrenz das kann, denn das führt unweigerlich zu einem Ungleichgewicht im Machtverhältnis.

Vereinfacht ausgedrückt: KI ist Mittel zum Zweck, sie ist ein Game-Changer, um, trotz der Komplexität skalieren zu können und neue Geschäftsmodelle zu entwickeln. Wer sie nicht nutzt, wird nicht mithalten können.

Daher sollte aus meiner Sicht die Nutzung von KI als moderne Softwaretechnologie genauso selbstverständlich sein wie die Nutzung von moderner Hardware. Denken Sie hier zurück an die Umstellung, die viele vor einigen Jahrzehnten bereits einmal bewältigt haben: die von der Schreibmaschine erst auf den PC und dann auf einen portablen Laptop. Das bot ebenfalls mit einem Schlag viel mehr Möglichkeiten.

Entscheidender Unterschied zu der Umstellung damals und heute: Die Einsatzfelder der KI sind deutlich breiter und ein Beschleuniger in sich selbst.

Wo hilft KI der Industrie?

KI lässt sich für so gut wie alle Aufgaben verwenden, die von wiederkehrenden Elementen geprägt sind beziehungsweise einfach mehr vom Gleichen erfordern. Beispiel: Es sind mehr Kanäle und mehr Touchpoints mit den grundsätzlich selben, eventuell vom Format her adaptieren Produktinhalten zu bedienen. Immer größere Bedeutung wird die KI zudem ganz sicher in der Sprachverarbeitung und Bilderkennung, bei Prognosetätigkeiten, beispielsweise in der Logistik, oder in der Automatisierung der Fertigung gewinnen. Die Möglichkeiten sind mannigfaltig; die Entwicklungen rapide.

Um es konkret zu machen, möchte ich noch einmal das Beispiel aus Prinzip 4 aufgreifen: Dort haben Sie ein Touchpoint-Management erfolgreich gestaltet anhand der Fragen nach dem Was, Wie und Wo. Gehen Sie nun in die Umsetzung, müssen Sie sicherstellen, dass Sie die 35 Millionen Impressionen erreichen, die Sie für Ihr Umsatzziel von 650.000 € im ersten Quartal brauchen. Sie benötigen also ein taktisches Verständnis dafür, wann Sie diese wo und wie ausspielen wollen.

Nehmen wir der Einfachheit halber an, Sie entscheiden sich dafür, jeden Tag 24 Stunden live zu sein, und legen sich auf einen bestimmten Kosteneinsatz fest, zu dem Sie nach dem üblichen Cost-per-Click-Modell ausgespielt werden.

Jetzt können Sie die Überwachung Ihrer Kampagne natürlich so gestalten, dass Sie Menschen beauftragen, die sich auf allen Marktplätzen und in allen Ländern, in denen Sie aktiv sind, hinter ihren Laptop klemmen und aufzeichnen: Passiert mit dem Kosteneinsatz, den Sie vorgeben, auch die Ausspielung im richtigen Umfeld, an die richtige Kundengruppe? Das ist so aufwendig, wie es klingt, und hier sind smarte KI-Modelle definitiv Gold wert – das weiß ich aus meiner eigenen Erfahrung bei Bosch Power Tools und Amazon.

Über solche Modelle haben wir zum Beispiel ermitteln lassen, wann und wie welcher Wettbewerber aktiv ist, um dann über eine KI-gestützte Pattern-Analyse festzustellen, wann wohl – proaktiv – ein höherer Kosteneinsatz gefragt ist, um die Impression zu gewinnen.

Eine weitere KI identifiziert, ob wir die Impression dennoch verlieren, um dann direkt entlang vorgegebener Parameter den Kosteneinsatz zu erhöhen – oder eben zu minimieren, falls nicht mehr erforderlich oder profitabel. Auf diese Weise können wir, bzw. der Bot, quasi in Echtzeit agieren.

Das ist ein gutes Beispiel für KI als ein Arbeitstool, um ein neues Level an Perfektion und Exzellenz in der Umsetzung zu erreichen, der anhand des Einsatzes menschlicher Arbeitskräfte nicht möglich oder zumindest nicht wirtschaftlich ist.

Auf Händlerseite sind solche Technologien im Übrigen genauso relevant.

Wo hilft KI dem Handel?

Heutzutage gibt es Händler, bei denen nicht nur Tausende, sondern Hunderttausende, wenn nicht Millionen von Artikeln gelistet sind. Diese gigantische Zahl gilt es zu steuern.

Das lässt sich theoretisch mit Personal machen, in der Praxis aber ist die Masse der Produkte viel zu groß, als dass Sie alle nötigen Kennziffern manuell kontinuierlich überwachen können und wollen.

Solche Prozesse ließen sich in der Vergangenheit mit Excel-Listen immerhin schon etwas skalierbarer gestalten, aber alle, die mit vielen Daten operieren, wissen aus eigener Anschauung, dass es dabei ein Limit gibt. Excel streikt nach einer gewissen Anzahl Zeilen einfach. Daher ist die Nutzung einer innovativen Softwarebasis und Datenhaltung Voraussetzung für den Einsatz einer smarten KI-Lösung und damit ein hochrelevanter Wettbewerbsfaktor, um als Händler nachhaltig langfristig erfolgreich zu sein. Auch hier spreche ich aus Erfahrung.

Mithilfe von KI können Sie sich zum Beispiel Modelle bauen, die ausgewählte Profitabilitätskennziffern oder aber Kennziffern zum Kaufverhalten berücksichtigen. Was passiert beispielsweise, wenn ein bestimmter Artikel nicht mehr vorhanden ist? Ist dadurch nur der eine Artikel betroffen, der durch einen anderen im Kauf ersetzt wird? Oder zieht das darüber hinaus einen Weniger-Verkauf von anderen Artikeln nach sich? Klassisches Beispiel: Sie listen die Pasta aus, und keiner kauft mehr Ihre profitable Tomatensoße oder den Spaghetti-Teller. Mit diesen Variablen erst lassen sich Modelle bauen, die einen umfassend gedachten Mehrwert bringen und Sie der hohen Anzahl von Artikeln gerecht werden lässt.

Die Brücke zum Kunden kann dann direkt mit KI geschlagen werden, die zum Beispiel im Stile eines ChatGPTs auf Suchanfragen konkretere Antworten liefert als die bis dato bekannte Suchleiste.

Allerdings gilt: Die KI erstellt sich nicht von selbst, ist in der Anlage nicht trivial und die Ergebnisse helfen nur KI-erfahrenen Mitarbeitenden.

Wo kommt die KI-Expertise her?

Es ist an Ihnen, aus Ihrer Praxis- bzw. Domainexpertise die entsprechenden Themenfelder zu definieren, in denen Ihnen eine KI helfen kann. Ich sehe meine Überzeugung immer wieder in der Praxis bestätigt, dass es für ein Unternehmen ein echter Mehrwert ist, eine eigene Expertengruppe rund um die Entwicklung und Training von KI zu etablieren. Solche Mitarbeitenden sind nämlich nicht nur in der Lage, die KI-Modelle gemäß der gewünschten Funktionalität vor dem Hintergrund der eigenen Industrie zu bauen. Sie können diese zudem besser an die IT-Landschaft sowie die vorhandenen Prozesse im Unternehmen adaptieren und einbinden.

Unternehmen, die angesichts des Fachkräftemangels und/oder der Kosten sich keine solche eigene Expertengruppe ermöglichen können, können das durch die Zusammenarbeit mit Agenturen und externen Kräften kompensieren. Nur: Je mehr ein Unternehmen auf starke Komplexitätsbewältigung angewiesen und je größer es ist, desto wichtiger wird nach meiner Erfahrung diese unternehmenseigene Expertengruppe, die möglichst direkt in den Geschäftsbereichen verankert ist. Das stellt die nötige Schnelligkeit im Go-to-Market sicher und erlaubt es vor allem, bereits bei der Strategiedefinition das volle Potenzial von KI zu nutzen und direkt in das generalistische Handeln mit einzubeziehen.

Diese interne Lösung hat noch einen weiteren Vorteil. Sicher kennen Sie den Spruch »Cash is King«. Das ist immer noch richtig, doch inzwischen gilt – wie ich gerne sage – auch: »Data is Queen«.

Daten lassen sich bei entsprechender Nutzung und Analyse direkt gegen mehr Umsatz, Profit und Kundenrelevanz »eintauschen«. Das ist ein materieller Mehrwert für das Unternehmen, der aus meiner Sicht weiter steigen wird, selbst wenn dies in traditionellen Unternehmen nicht immer so gesehen wird. Gleichzeitig ist deshalb äußerste Vorsicht geboten, wenn jemand anderes Zugriff auf diese Daten hat. Er kann sie seinerseits entweder für die Steigerung seines eigenen Umsatzes und Profits eintauschen oder sie an Dritte verkaufen – selbst, wenn dies nur anonymisiert erfolgt.

Der kluge Einsatz von KI ist ganz klar eine strategische Ressource, die noch weiter an Bedeutung gewinnen wird. Der strategische Vorteil für ein Unternehmen besteht entsprechend darin, sich Wissen dazu aufzubauen,

- wo es KI einsetzen sollte,
- wie die richtige KI zu programmieren ist,
- welches Datenmanagement in Zukunft zum Erfolg führt,
- wie es wertschöpfender Bestandteil in Geschäftsmodellen, Prozessen und Teamarbeiten wird.

PRINZIP 5

Die Strategie begreift KI als wertvolles Mittel zum Zweck und KI-Expertise als höchststrategische Ressource.

Sie kennen nun alle fünf Prinzipien zur Strategie. Jetzt geht es an die neu gedachte Struktur, die die beschriebene Strategie zum Leben erweckt – also um von Bringing up to pace zu keeping the pace zu kommen. Angesichts des better big system change sind auch hier neue Prinzipien notwendig.

DIE 5 PRINZIPIEN VON BRINGING UP TO PACE AUF EINEN BLICK

- **Prinzip 1:** Die Strategie – und sämtliche resultierenden Substrategien – sind allumfassend angelegt, und zwar konsequent.
- **Prinzip 2:** Die Strategie ist nach den Kriterien der Nachhaltigkeit gestaltet, im ursprünglichen Sinne des Begriffes wie im Sinne von ESG.
- **Prinzip 3:** Die Strategie setzt auf generalistisch handelnde Mitarbeitende in den Absatzfunktionen.
- **Prinzip 4:** Die zielgerichtete und wirksame Umsetzung der Strategie über alle Touchpoints erfordert einen wohldurchdachten Implementierungsplan sowie funktionierende Testmechanismen.
- **Prinzip 5:** Die Strategie begreift KI als wertvolles Mittel zum Zweck und KI-Expertise als höchststrategische Ressource.

Kapitel 5

KEEPING THE PACE – STRUKTUR

*If you are competitor-focused,
you have to wait until there is
a competitor doing something.
Being customer-focused allows
you to be more pioneering.*

Jeff Bezos,
Gründer von Amazon

MAKING THE PACE beruht also im ersten Schritt auf harter, systematischer Strategiearbeit – so hart, dass Sie sich vielleicht fragen: »Warum soll ich mich dann noch genauso intensiv mit der Struktur befassen?« Tatsächlich ist die Arbeit an der Struktur ebenso kontinuierlich und nachhaltig wie die Arbeit an der Strategie – und eng mit ihr verwoben, um die Beschleunigung zu ermöglichen und den neu gewonnenen Speed zu halten. So sollte effektive Strukturarbeit, die dem Zweck der Strategie dienlich ist, stets in einem gemeinsamen Spannungsfeld mit der Strategie stattfinden. Das ist jedoch meiner Beobachtung nach bei vielen Unternehmen nicht immer der Fall.

Nach wie vor werden Strukturen häufig – unabhängig von der Strategie – primär nach gewünschten Verantwortungsbereichen und Abteilungen aufgebaut. Entsprechende Organigramme werden erstellt und mit Namen gefüllt, noch bevor der Auftrag der neuen Einheit wirklich klar ist und oft von denselben Personen, die sich im Organigramm wiederfinden. Dieses Vorgehen hatte schon immer seine Nachteile, doch in der neuen Welt von Vertrieb, Marketing und Handel haben sich die negativen Auswirkungen potenziert, wie ich Ihnen in diesem Kapitel noch zeigen möchte.

Heute und in Zukunft geben gut informierte Kunden und Konsumenten das Tempo vor, daher muss konsequent vom Markt her gedacht werden. Aus diesem Grund ist es dringend nötig, dass Unternehmen ihre Strategie und die Gestaltung ihrer Organisation darauf ausrichten.

Diese Struktur muss die Vernetzung, die Komplexität und die Dynamik der neuen Welt radikal widerspiegeln und ermöglichen können. Eine dynamische Basis zum BETTER BIG SYSTEM CHANGE ist auch in der Organisation notwendig. Inklusive Updates in regelmäßigen Zeitzyklen, parallel zu den Strategie-Updates!

Wenn ein Unternehmen das umsetzt und damit der wachsenden Vielfalt und Geschwindigkeit gerecht werden kann, kann es die von Jeff Bezos erwähnte langfristige Pionierarbeit erfolgreich leisten. Und um Pionierarbeit kommt kein Unternehmen mehr herum, das sich nicht abhängen lassen will – wirklich keines! Denn unabhängig davon, ob Ihr Unternehmen im Sinne von Porter's Generic Strategies die Differenzierung oder die Kostenführerschaft anstrebt, brauchen Sie diese Strukturarbeit. Der Grund: Die aktuellen Veränderungen bringen laufend neue Ansätze in den Go-to-Market-Optionen wie neue Vertriebs- und Handelskanäle sowie neue Marketingmöglichkeiten, mit unterschiedlichen Adaptionsgeschwindigkeiten in verschiedenen Regionen der Welt. Diese lassen sich nicht simpel mit den alten Vorgehensweisen bearbeiten.

Um neue Ansätze zu verproben, braucht es eine Struktur, die Pionierarbeit zulässt, fördert und systemimmanent macht, um so wiederkehrend die neuen Chancen mit neuen Lösungen heben zu können. Ein Unternehmen, das diese Arbeit nicht leistet, kann die Geschwindigkeit nicht halten und ist automatisch stets einen Schritt zu spät – was noch nie ein nachhaltiges Erfolgsrezept war.

Wie eine zukunftsträchtige Struktur aussehen kann und welche Prinzipien dieser zugrunde liegen, lesen Sie in diesem Kapitel, in dem es ums Ausrichten, Aufbrechen, Entfesseln, Empowern und Dynamisieren geht.

PRINZIP 6: AUSRICHTEN

In diesem Prinzip 6 geht es um die Aufstellung Ihrer Teams, ich starte also von der kleinsten Organisationseinheit. Im folgenden Prinzip 7 zoome ich mit Ihnen dann heraus auf die Gesamtunternehmensebene.

Es geht mir in diesem Kontext nicht um die Frage, was besser ist: eine zentrale oder dezentrale Aufstellung. Diese Antwort ist aus meiner Sicht aus der Strategie und den Gegebenheiten des Unternehmens abzuleiten.

Ob Teams aber erfolgreich agieren können oder nicht, darüber entscheiden – unabhängig davon, ob zentral oder dezentral – drei Kriterien und auf diese fokussiere ich hier. Diese drei Kriterien sind:

1. diversifiziert in der Anlage
2. divers in den Teams
3. gut vernetzt zwischen den Teams

Warum sich für mich gerade diese drei als Erfolgsfaktoren herauskristallisiert haben, will ich Ihnen gerne im Einzelnen begründen. Ich nutze dafür ausnahmsweise keine Metapher aus der Welt der Musik, sondern eine aus der Seefahrt.

1. Diversifiziert: der Speedbootansatz

Ihr Unternehmen hat heute viele verschiedene Absatzkanäle, viele Touchpoints, viele Interaktionsmöglichkeiten mit Ihren Kunden und Konsumenten. Damit verknüpft sind zahlreiche unterschiedliche Erwartungen. Entsprechend brauchen Sie eine Struktur, mit der Sie diese unterschiedlichen Anforderungen sachkundig, spezifisch und individualisiert erfüllen können.

Ich bediene mich dafür am Bild der Speedboote. Dieser Ansatz ist durchaus schon gängig, meine Spezifizierung geht jedoch weiter.

Stellen Sie sich vor, Ihre Teams sind wie Speedboote, die vom Hauptschiff, dem Unternehmen, aus starten und auf dem Wasser eigenständig agieren. Jedes Speedboot ist mit dem entsprechenden Know-how und Know-why für den Absatzkanal unterwegs, den sie anfahren.

Ein Speedboot ist wendig und agil. Es hat die Möglichkeit, sehr nah heranzufahren, um die Bedürfnisse der Nutzer dieses Absatzkanals zu ermitteln sowie die beste Bearbeitungsmöglichkeit zu eruieren und umzusetzen.

Konkret bedeutet das: Jedes Team ist für EINEN spezifischen Absatzkanal verantwortlich statt für viele. Entsprechend der neuen Marktbedingungen wird die Komplexität so im Set-up abgebildet: Die Teams werden für ganz unterschiedliche User Journeys aufgestellt und darauf ausgerichtet. Je nachdem, wie groß die regionalen Unterschiede sind, kann diese Teamaufstellung auf globaler, regionaler oder nationaler Ebene erfolgen.

Die Zuordnung Ihrer Mitarbeitenden in solche Teams hat in der neuen Welt klare Vorteile gegenüber der althergebrachten Silostruktur, in der die Fachbereiche voneinander losgelöst agieren. Mit der Größe allein hat das übrigens nichts zu tun: Solche Teams können durchaus zahlenmäßig groß sind. Was sie gegenüber den gewohnten Fachabteilungen auszeichnet, ist ihre Diversifizierung.

Diese Grundidee kommt Ihnen wahrscheinlich aus dem Strategie-Kapitel bereits bekannt vor, denn auch die Strategie wird von den User Journeys her gedacht. Diese Idee wird in der Organisationsform und -struktur auf der Basis der Strategie stringent weitergeführt.

2. Divers: die Speedbootbesatzung

Für die Teamaufstellung für solche Speedboote gibt es keinen allgemeingültigen Blueprint. »One size fits it all« ist in der neuen Welt jedenfalls keine gute Empfehlung.

Die Besatzung ist von Speedboot zu Speedboot verschieden – sowohl was die Anzahl der Crew-Mitglieder angeht als auch die Zusammenstellung der Funktionen. Jedes Team wird von den spezifischen Anforderungen des Absatzkanals oder des Handelsformats sowie von der nötigen Bearbeitungstiefe her gedacht.

Allerdings wird ein Team in den seltensten Fällen eine »funktionshomogene« Besatzung haben. Denn eine wichtige Eigenschaft eines solchen Teams ist, dass es End-to-End-Entscheidungen treffen kann. Dafür müssen in der Regel unterschiedliche Wertschöpfungsbeiträge, Funktionen und Erfahrungshintergründe zusammenkommen, um das Ziel zu erreichen. Fehlt im Team eine Funktion, um Entscheidungen zu treffen, verliert es seinen eben erst gewonnenen Speed gleich wieder: Es muss warten, bis der entsprechenden Funktionsträger, der vielleicht just auf einem anderen Speedboot unterwegs ist, Zeit hat, von dort auf dieses Boot zu wechseln.

Das heißt, dass die Besatzung der verschiedenen Speedboote entsprechend der Strategievorgaben gezielt divers auszugestalten ist. Und das macht Sinn, denn stellen Sie sich vor, Sie würden stattdessen auf Teams mit einer »One size fits it all«-Besetzung bauen: Diese können entweder nicht alle notwendigen Aufgaben meistern oder aber sind mit unnötigen Ressourcen ausgestattet, die an anderer Stelle fehlen.

Einerseits muss dieses Team also autark Entscheidungen treffen können. Andererseits darf es sich nicht isolieren, da es ansonsten eventuell Potenzial verschenkt.

3. Vernetzt: die Speedbootflotte

Um Potenziale vollständig zu nutzen, muss die neue Struktur gegenüber klassischen Organisationsformen intern wie extern deutlich besser vernetzt sein und mehr Schnittstellen aufweisen. Schließlich bewegen sich die Kunden nicht nur in einem einzigen Kanal oder an einem einzigen Touchpoint, sondern schätzen die Vielfalt. Sie nutzen die verschiedenen Möglichkeiten je nach Kontext und Situation flexibel und individuell.

Aus diesem Grund ist es wichtig, dass die Speedboote intern eng miteinander im Austausch stehen und der Funkkontakt jederzeit gegeben ist. Ziel ist, dass sie ihre Erfahrungen teilen und sich gegenseitig unterstützen, um das Potenzial der verschiedenen Kanäle und so das Gesamtpotenzial bestmöglich auszuschöpfen.

Am Anfang Ihrer internen Überlegung darf daher nicht stehen, welches Ihrer Speedboote diesen Umsatz haben möchte und wer sich intern gegen die anderen durchsetzen kann. Lesen Sie dazu gerne Prinzip 15 »Mit Erfolg«. Stattdessen gehen Sie von demjenigen Absatzkanal aus, in dem sich Ihre Kunden bewegen und fragen sich: Wie können Sie diese dort so nachhaltig für sich gewinnen, dass Sie sie in Ihrem Ökosystem insgesamt halten können?

Die Speedboote müssen darüber hinaus extern hervorragend vernetzt sein, unter anderem mit den »Leuchtturmwärtern«, beispielsweise Verbänden, die qua Rolle im System Entwicklungen frühzeitig wahrnehmen. Nur so erhalten die Speedbootteams rechtzeitig die Information über anstehende Veränderungen. Und nur so können sie rechtzeitig entscheiden, ob sie ihren eigenen Kurs feinjustieren müssen, es vielleicht zusätzlicher Speedboote bedarf und wie deren Besatzung aussehen sollte.

Das sind also die drei Erfolgskriterien für die Teamaufstellung im Sinne von MAKING THE PACE. Wie ihre Umsetzung in der Praxis aussehen kann, zeige ich Ihnen anhand eines Beispiels aus meiner Zeit bei Unilever, in dem sich viele der genannten Kriterien wiederfinden lassen. Das Unternehmen vollzog damals eine Neuorganisation hin zu Category-Customer-Business-Teams für spezifische Märkte, flankiert von den unterschiedlichen Absatzkanalteams.

Speedboote in der Praxis

Sie können sich die damals neue Struktur so vorstellen:

Dem Kriterium 1, der Diversifizierung, wurde Rechnung getragen, indem eine Speedbootstruktur etabliert wurde. Diese hatten eine Matrixverantwortung: Je eine Kategorie wie zum Beispiel Home Care oder Refreshments mit ihren spezifischen User Journeys. Daneben gab es die Kanalkundenteams, welche die Distribution der Artikel über den verantworteten Händler, wie Supermarkt- und Drogerieketten, hin zum Konsumenten sicherstellten. Jedes Speedbootteam hatte einen Category Leader sowie einen der Vertreter aus dem Vertrieb als Core-Mitglied: So wurde sichergestellt, dass die kategorie-kundenspezifischen Speedboote diese Marktbearbeitung erfolgreich leisten können.

Diese fokussierten Teams trugen den Spezifika der entsprechenden Kategorie, des Absatzkanals und der Konsumentenbedürfnisse Rechnung und sorgten dafür, dass die richtigen Marken und Produktsortimente dort jederzeit, mit der richtigen Sortimentsbreite und -tiefe sowie idealer Präsentation zu finden waren. Genau dort, wo der jeweilige Konsument sie finden wollte.

Die Diversität, Kriterium 2, stellten wir sicher, indem wir die bis dahin etablierten Silos aufbrachen und die vorherigen Teams von Brand Building, Trade/Category Marketing, Vertrieb, Logistik, Finance, Operations und je nach Kategorie noch weitere neu mixten. In der neuen Struktur, flankiert von entsprechenden Prozessen und Meetings, kamen unter der Führung eines Category Leaders all die Funktionen zusammen, die nötig waren, um entlang der User Journey Absätze erfolgreich, dynamisch und autark zu realisieren und weiterzuentwickeln.

Allein durch diese diverse Aufstellung entstand eine bessere interne Vernetzung, entsprechend Kriterium 3. Darüber hinaus etablierte sich die Austauschebene der Category Leader beziehungsweise zwischen den Vertriebs-Core-Mitgliedern: So bedienen Home Care und Refreshments zum Beispiel beide den Lebensmitteleinzelhandel und beobachten dort Trends und Weiterentwicklungen.

Das half gleichzeitig zum Beispiel dem eCommerce-Bereich, der für den Konsumenten immer interessanter wurde und den es neu zu bedienen galt. Dort zeigte sich sehr schön, wie die Vernetzung schnelle Learnings möglich machte: So konnten die Antworten auf neue Herausforderungen co-developed werden: Sales teilte umgehend mit, welche Produkt- und Applikationsbilder arbeiteten und welche nicht, sowie was Marketing leisten muss, damit der Verkauf besser wird. Und wenn bei der Quality-Managerin im Team über Ratings und Reviews aufschlug: »Das Produkt kommt sehr häufig beschädigt an!«, konnte sie direkt mit der Logistik und R&D über die Verpackung reden.

Der intensivierte Austausch nach innen und auch außen ermöglichte es darüber hinaus, übergreifende Themen breiter zu durchdenken, wie beispielsweise die Nachhaltigkeit: »Was bedeutet es denn, wenn wir andere Packagings einsetzen – nicht nur für das Marketing und die Produktkosten, sondern darüber hinaus für den Vertrieb und die Logistik sowie in neuen Absatzkanälen? Müssen wir vielleicht ein Produkt sekundär verpacken, wenn wir bei der Primärverpackung weniger dicke Kunststoffflaschen nutzen?«

Die geschilderte Veränderung hat in meiner Zeit bei Unilever sehr gut funktioniert. Und nicht nur dort: Wo immer ich bei und in Unternehmen verfolgt habe, dass sie das Speedbootprinzip mit ihren Teams konsequent umsetzen und leben, hat sich die Geschwindigkeit in den Unternehmen deutlich erhöht. Deshalb möchte ich es Ihnen ganz besonders ans Herz legen.

Einfach schneller ausrichten

Lassen Sie mich die Vorteile, die sich aus diesem Prinzip ergeben, noch einmal zusammenfassen: Dank diversifizierter Teams sind Sie näher am Kunden/Konsumenten in einem Kanal und können dessen Erwartungen kompetenter und effektiver erfüllen. Mittels der diversen Zusammensetzung bringen Sie im Team unterschiedliche Perspektiven auf diese Zielgruppen zusammen und können fokussiert, dynamisch sowie ganzheitlich reagieren und – noch wichtiger – agieren. Aufgrund der geförderten engeren Vernetzung fließen Beobachtungen und Informationen kontinuierlicher und schneller, was einen ultimativen Wettbewerbsvorteil bringt.

Oder noch mehr auf den Punkt gebracht: In dieser Organisationsstruktur kann eine unmittelbare und alle erreichende Distribution von Wissen und Aktion sichergestellt werden. Aus diesem Grund können Sie mit dieser Struktur zielgerichteter, versierter und rascher am Markt handeln.

PRINZIP 6

Die drei Kernkriterien einer erfolgreichen Teamaufstellung und -komposition sind: Diversifizierung, Diversität und Vernetzung.

An Silowänden dagegen prallt Wissensfluss weitgehend ab. Daher funktioniert Ausrichten nicht ohne Aufbrechen, und ich widme der Beseitigung dieser Silos das nachfolgende Prinzip.

PRINZIP 7: AUFBRECHEN

Für dieses Prinzip springen Sie bitte mit mir von der Team- auf die Organisationsebene. Bevor ich Ihnen das Wesen dieses Prinzips und seine Bedeutung erläutere, möchte ich eine Begriffsklärung vorausschicken. Ich habe in zu vielen Gesprächen erlebt, dass zwei Begriffe in der Praxis nicht ihrer Relevanz gebührend durchdacht oder sogar synonym verwendet werden: die Aufbauorganisation versus die Ablauforganisation. Diese mangelnde Trennschärfe erschwert das Verständnis. Dem möchte ich vorbeugen …

Die Sitzordnung und das Musizieren

Der Begriff der Aufbauorganisation beschreibt die statische Struktur eines Unternehmens. Sie können das vergleichen mit der Sitzordnung eines Orchesters: Diese ist ebenfalls mit Sinn und Verstand zu wählen: Der Zusammenklang hängt davon ab, in welcher Anordnung die Musiker mit ihren Instrumenten sitzen. Tauscht der Geiger seinen vorderen Platz mal so eben mit dem Trommler ganz hinten, verändert das den Klang des Orchesters. Das kann gewollt sein, muss jedoch bewusst so entschieden werden.

Die Aufbauorganisation im Unternehmen wird klassischerweise in einem Organigramm dargestellt. Dieses zeigt den Aufbau der Organisation mit den unterschiedlichen Abteilungen, den Funktionen und den Personen, die damit betraut sind.

Die Ablauforganisation bildet demgegenüber die dynamischen Arbeitsprozesse ab: Welche Prozesse gibt es? Wie wird innerhalb der Abteilungen und übergreifend gearbeitet? Wie wird informiert? In der Orchester-Analogie entspricht das dem Spielen der Komposition, die der Dirigent mit den Musikern erarbeitet. Die klare Differenzierung zwischen Aufbau- und Ablauforganisation ist mir deshalb so wichtig, weil die erfolgreiche Umsetzung einer 360-Grad-Strategie und das MAKING THE PACE erfordert, dass Sie beides im selben Atemzug anfassen: Ihre Aufbau- UND Ihre Ablauforganisation.

Statik …

Für die Aufbauorganisation gilt es, die klassischen Funktionssilos von Marketing, Vertrieb, Logistik, IT etc. aufzubrechen. Das ermöglicht erst, dass Sie erstens die neuen Speedbootteams aufstellen können, die – wie im vorherigen Prinzip beschrieben – diversifiziert, divers und vernetzt sind sowie zweitens diese in eine Gesamtstruktur einbetten können. Die Teams werden gegebenenfalls noch von Supportfunktionen wie HR unterstützt werden, doch grundsätzlich sind sie vom Markt her gestaltet und können dort die Geschwindigkeit setzen.

Das allein reicht jedoch nicht. Eine neue Struktur ändert nicht automatisch die bestehenden Prozesse in einem Unternehmen. Deshalb wird eine neue statische Organisation ohne neue dynamische Prozesse ihre PS nicht auf die Straße bringen. Entsprechend kann ich Ihnen nur ans Herz legen, parallel an der Erneuerung Ihrer Prozesse arbeiten. Nebennotiz: Das gilt insbesondere bei der Digitalisierung: Dort ist mir bislang kein Prozess begegnet, bei dem eine 1:1 Abbildung des vorherigen analogen Prozesses die beste Wahl war.

… UND Dynamik

Die beste Ausgangsbasis für Ihre Gedanken zu passenden Prozessen ist meiner Erfahrung nach: Sie überlegen, wie Sie es ermöglichen, dass aufkommende Opportunitäten »end to end« in einem Team bearbeitet werden können. Dafür gehen Sie den Prozess einmal komplett von außen, also vom Konsumenten oder Kunden, nach innen durch: Was wird benötigt, damit dieser Prozess in der neuen Organisationsstruktur reibungslos und mit möglichst wenigen Schnittstellen umgesetzt werden kann?

Vielleicht fragen Sie sich, warum es so wichtig ist, dass der Prozess idealerweise in einem Team bleibt und eine minimale Zahl an Schnittstellen aufweist. Die Begründung fußt auf dem Geschwindigkeitsvorsprung: Die Mitglieder eines Teams haben eine gemeinsame, fokussierte Vision, einen gemeinsamen Purpose, eine gemeinsame Teil-Strategie, sie leben einen gemeinsamen Spirit und können somit ohne viel Erklärungsaufwand und Zeitverlust Opportunitäten ergreifen. Das spart schlichtweg Zeit!

Zusätzlich zu den oben beschriebenen Prozessen auf Arbeitsebene gibt es da übrigens noch etwas, was Sie im Zuge Ihrer Veränderung gleich mit aufbrechen sollten. Sobald Sie Arbeitsprozesse ändern, gilt es:

- Ihre Entscheidungsprozesse zu ändern,
- Ihre Reportingprozesse zu ändern,
- Ihre Kompetenzbeschreibungen und -zuordnungen zu ändern.

Nur so stellen Sie sicher, dass die gesamte Organisation diese Transformation mitgeht. Bleiben irgendwo noch Barrieren durch alte Prozesse aufgebaut, können diese dazu führen, dass Sie mit Ihrer schönen, neu gewonnenen Geschwindigkeit intern frontal gegen eine Wand fahren.

Sie sehen schon: Auch auf der Strukturebene steht Ihnen ein BETTER BIG SYSTEM CHANGE bevor. Aber dies ist möglich! Um Ihnen zu schildern, wie diese Transformation in der Praxis aussehen kann, greife ich mein Beispiel aus Prinzip 6 noch einmal auf.

Ein gemeinsames Ziel, ein integrierter Prozess

Während meiner Zeit bei Unilever lösten die Category-Customer-Business-Teams die vorherigen Silos weitestgehend ab. Das heißt, alle Abteilungen änderten sich – die Aufbauorganisation wurde neu gestaltet.

Gleichzeitig wurde die Ablauforganisation weiterentwickelt. Zuvor waren die Prozesse – nicht überraschend – so strukturiert gewesen, dass sie innerhalb eines Silos abgeschlossen werden konnten.

Simplifiziert dargestellt lief das in der Kategorie Home Care so: Wurde ein neues Home-Care-Produkt auf Basis von Konsumentenbedürfnissen entwickelt, wurde zum Launch in der Marketingabteilung ein entsprechendes Paket über die sechs P's hinweg erarbeitet – dann war deren Prozess abgeschlossen. Im Vertrieb gab es einen Prozess, das Produkt auf Basis des Marketingpakets in den verantworteten Kanal oder Kunden zu verkaufen und die benötigte Menge zu planen – dann war dieser Prozess abgeschlossen. Die Logistik wiederum hatte einen Prozess, um die Artikel aus den verschiedenen Kategorien, Sortimenten, Marken zu planen ...

Schon in dieser vereinfachten und plakativen Schilderung fällt auf: drei verschiedene Prozesse in ein und derselben Kategorie, die schlussendlich für ein und dasselbe Ziel da war – Produkte der Kategorie Home Care zum Konsumenten zu bringen.

In der neuen Ablauforganisation gab es dagegen nur noch einen eng ineinander verzahnten Prozess für das eine Ziel. Das klingt einfach, doch der Aufwand ist nicht zu unterschätzen: Hierfür gilt es alte Prozesse zu verlernen und neue, zunächst ungewohnte Arbeitsweisen strukturiert zu implementieren.

Das meine ich, wenn ich appelliere: Entwickeln Sie Ihre Dynamik, also die Ablauforganisation, im Zuge der Veränderung Ihrer Statik, der Aufbauorganisation, im Gleichschritt mit. So agieren Sie auf beiden Ebenen marktzentriert entlang der gesamten Wertschöpfungskette. Das verringert zum einen den Zeitbedarf für das Durchlaufen des Gesamtprozesses. Zum anderen, wird sehr viel schneller offensichtlich, wenn der Prozess irgendwo hakt.

Einen Aspekt werde ich allerdings in diesem Zusammenhang nicht müde zu betonen, auch wenn er unbequem ist ...

Ein Orchester entwickelt sich

So wie Ihre Strategie kontinuierlich wiederkehrende Updates braucht, braucht Ihre Aufbau- und Ablauforganisation ebenfalls kontinuierlich Updates. Denken Sie an das Orchester: Von Zeit zu Zeit ändert sich der Publikumsgeschmack und damit sowohl die Auswahl der Stücke als auch der gewünschte Klang. An dieses aktualisierte Ziel muss sowohl die Sitzordnung im Orchester als auch das Musizieren an sich, wie die Stücke nun gespielt werden sollen, angepasst werden, um die Zuhörerschaft weiterhin zu begeistern.

In vielen Fällen werden Sie Ihre Aufbau- und Ablauforganisationen gleichzeitig anpassen müssen. In einigen Fällen mögen kleinere Änderungen ausschließlich an der Ablauforganisation genügen, damit Sie sich besser und schlagkräftiger aufstellen. Doch andersherum funktioniert es nach meiner Erfahrung einfach nicht: Ich habe noch keinen einzigen erfolgreichen Fall gesehen in dem ein Unternehmen seine Aufbauorganisation geändert hat, ohne die Ablauforganisation mit anzufassen – stattdessen mehrere unerfolgreiche Versuche.

PRINZIP 7

Aufbau- und Ablauforganisation werden gemeinsam aufgebrochen und gleichzeitig auf den Markt hin neu ausgerichtet.

Wenn Sie nun Ihre Teams sowie Ihre gesamte Organisation ausgerichtet und aufgebrochen haben: Was bedeutet das für die Mitarbeitenden? Und was für die Führungskräfte?

PRINZIP 8: ENTFESSELN

Der Speedbootansatz und die Neuausrichtung Ihrer Organisation helfen Ihnen, die Komplexität von heute zu meistern. Was Sie bei Ihrer Neuorganisation jedoch bedenken sollten, ist die Art und Weise, wie Sie den Entscheidungsrahmen Ihrer Speedbootteams gestalten: Sowohl unter den komplexen Rahmenbedingungen als auch bei der neuen Bearbeitungsweise können Top-Down-Anweisungen nicht mehr nachhaltig erfolgreich funktionieren.

Das hat drei Gründe.

Die Wissenshoheit und die »Riesenschwäne«

Der erste Grund ist dieser: Nachdem sich die Zahl der Distributionskanäle sowie der Vertriebs- und Marketing-Touchpoints in den letzten Jahrzehnten vervielfacht hat, die Anforderungen in zahlreichen strategischen Themenstellungen gestiegen und Teams funktionsübergreifender aufzustellen sind, ist es für eine einzelne Person nahezu unmöglich geworden, für alle Spezifika über die volle Expertise zu verfügen. Für eine Führungskraft ist es daher kaum noch realistisch, jedem ihrer Mitarbeitenden bei deren Aufgaben qualifizierte konkrete Detailweisungen zu erteilen.

Der zweite Grund hat mit der Dynamik zu tun, mit der sich die Rahmenbedingungen aktuell und zukünftig verändern. Neue Kanäle, neue Technologien ploppen in immer kürzerer Frequenz auf. Einige dieser Entwicklungen werden eine rasante Adaption erleben, wie ChatGPT vor kurzem eindrücklich gezeigt hat: Nachdem der Chatbot im November 2022 kostenfrei zugänglich wurde, meldeten sich innerhalb von fünf Tagen eine Million Nutzer an. Und im Januar 2023 hatte ChatGPT über 100 Millionen Nutzer erreicht. Das wird kein Einzelfall bleiben, weil die Distribution von Information, niedrigschwellige Adaption und der dazugehörige menschliche Herdentrieb heutzutage in Echtzeit passieren.

Um in der Speedbootmetapher zu bleiben: Die Wahrscheinlichkeit, dass plötzlich und unerwartet ein »Riesenschwan« – ob schwarz oder weiß – vor Ihrem Boot auftaucht, steigt also mit jedem Tag. Und wenn ein solcher Schwan dann direkt auf Sie zusteuert, werden Sie extrem schnell reagieren müssen. Spätestens in diesem Augenblick werden Sie sich vermutlich wünschen, dass jeder an Bord in der Lage ist, sofort zu handeln – statt starr und stumm auf Ihre Anweisung oder auch nur Ihre Freigabe zur Aktion zu warten.

Es ist daher ein Imperativ, dass Sie mit Ihren Speedbooten sehr nah am Markt dran sind, um jederzeit selbst die leisesten Töne zu hören und darauf reagieren zu können. Je mehr kompetente Ohren Sie dafür haben, umso besser – und je mehr »entfesselte« Mitarbeitende, die mit ihrer Kompetenz in einem vergrößerten Framework Entscheidungen treffen können und dürfen, umso eher wird Ihre Pionierarbeit gelingen und Sie mit den Schwänen umgehen können.

Natürlich müssen die übergreifenden Entscheidungsfindungen für das Schnellboot koordiniert werden, doch gleichzeitig müssen Sie der geforderten Schnelligkeit gerecht werden, indem sich die Entscheidungsgewalt Richtung Expertise verlagert.

Darüber hinaus gibt es noch einen dritten Grund, warum die alte Top-Down-Kaskade nicht mehr zweckdienlich ist: Mitarbeitende der aktuellen Generation empfinden solche Rahmenbedingungen als nicht mehr attraktiv. Sie laufen also Gefahr, die besten Köpfe zu verlieren oder gar nicht erst gewinnen zu können.

Zusammengenommen haben die drei Gründe entsprechend Konsequenzen für die Führung.

Entfesselte Mitarbeitende, entfesselte Führungskräfte

Die Rolle der Führungskraft ist in einem solchen Team eine andere als früher. Sie ist nicht mehr diejenige, die die Arbeitsanweisungen en détail vorgibt, sondern diejenige, die den großen Rahmen entwirft sowie trennscharfe Rollen sicherstellt. Darüber hinaus trägt sie Sorge dafür, dass die entsprechenden Skills vorhanden sind. Die eigentliche Bearbeitung jedoch findet im Team stattfindet.

Nehmen Sie als Beispiel mein Team in der Zeit, als ich für die globale Wachstumsakzelerationsstrategie bei Bosch tätig war: Das Set-up entsprach, wie in Prinzip 6 und 7 beschrieben, Speedbooten in den unterschiedlichen Geschäftsbereichen. Meine Teams definierten ihre Kernaktivitäten eigenständig, die ihnen zur Erreichung des Ziels notwendig erschienen, und exekutierten sie selbst. Einzige Vorgabe von meiner Seite war, dass es maximal fünf Kernaktivitäten oder Unterziele waren, die auf das übergeordnete Ziel einzahlten und im »Wie« unseren gemeinsam definierten Guidelines entsprachen, um sicherzustellen, dass eine Umsetzung möglich ist.

Hätte ich für jedes Unterziel/jede Kernaktivität und einzelnen Aktionen einen Freigabemechanismus installiert, hätten wir aus meiner Sicht viel zu viel Zeit verloren. So aber schafften wir sowohl eine Skalierung als auch die Möglichkeit, verschiedene Projekte parallel laufen zu lassen, um die Schnelligkeit am Markt zu gewährleisten.

Das Einfordern der finalen Entscheidungshoheit und somit eines zusätzlichen Prozessschritts wäre dem Ziel MAKING THE PACE außerdem nicht dienlich gewesen: Wir hätten die Geschwindigkeit nicht auf die Straße bekommen, die es braucht, um langfristig erfolgreich zu sein. Und die Resultate gaben uns recht.

Meiner Ansicht nach ist es kein Zeichen von Schwäche, die fachliche Detailhoheit an die Teams abzugeben und dort diejenigen zu haben, die es am besten wissen und tun. Im Gegenteil: Es ist ein Zeichen der Stärke, das als Führungskraft zuzulassen. Ihr Job ist es, die Stärken der Teams gewinnbringend einsetzbar zu machen, zu entfesseln, zu coachen und zu orchestrieren.

PRINZIP 8

Die Führungskräfte gestalten die Orchestrierung und die Ermöglichung der Teamleistung, die Mitarbeitenden agieren in einem eigenen vergrößerten Entscheidungsspielraum.

Für den Fall, dass Sie sich nun Sorgen machen, ob die Mitarbeitenden in Ihren Teams diese Verantwortung überhaupt übernehmen können, dann empfehle ich Ihnen, sehr fokussiert und mit Begeisterung das nächste Prinzip zu lesen …

PRINZIP 9: EMPOWERN

Eine zielführende Struktur für MAKING THE PACE zu implementieren, ist das eine. Dieser Struktur anschließend Leben einzuhauchen, das andere. Um das zu tun, braucht jede Beteiligte, jeder Beteiligte die Befähigung, seine Aufgaben bestmöglichst zu bearbeiten. Darum geht es mir in diesem Prinzip.

Diese Befähigung hat zwei Seiten: die fachliche und die strukturelle. Beide sind essenziell. Da die letztere nach meiner Beobachtung weniger häufig diskutiert wird, möchte ich mit dem strukturellen Empowerment starten.

Eindeutig im »Ja«

Der Fokus des strukturellen Empowerments liegt auf der Klarheit.

Ausgehend von der Vision, der Strategie und den dort definierten Prioritäten braucht jede einzelne Person im Team Klarheit darüber, sowohl worin der angestrebte Gesamterfolg besteht als auch was ihr Beitrag dazu ist. Das ist wichtig, damit jeder dieses Verständnis hat und das Engagement dafür entwickeln kann.

Darüber hinaus braucht jede und jeder Klarheit darüber, in welchem Zusammenhang der eigene Beitrag mit den Beiträgen der anderen Teammitgliedern steht und nach welchen gemeinsam festgelegten Grundsätzen sich diese Zusammenarbeit gestalten soll. In dieser Übereinkunft legt das Team darüber hinaus fest, welche Verantwortlichkeiten es in der Rolle X gibt und wer jeweils der richtige Ansprechpartner ist.

Strukturelles Empowerment gibt also die Klarheit über den Rahmen, damit alle in der Lage sind, die Struktur zu leben. Damit ist sie ein kritischer Erfolgsfaktor. Sie setzt die Energie im Team frei, sich auf das Wesentliche zu konzentrieren: das gemeinsame strategische Ziel. Allen ist klar, was wer macht. Keiner kann sich wegducken, jeder kennt seinen Bereich und den Bereich der anderen. Das wiederum ist die Basis, sich Feedback zu geben, und aus psychologischer Sicht für den Teamspirit.

Aus dieser Bedeutung für den Erfolg erklärt sich, warum dieses strukturelle Empowerment kontinuierlich erfolgen, im Team diskutiert und stetig entwickelt werden sollte.

Dieses strukturelle Empowerment im »Ja« hat noch einen weiteren, sehr wichtigen Aspekt: Jedes Teammitglied weiß, wann es »Nein« sagen darf.

Eindeutig im »Nein«

Durch die Klarheit über den eigenen Beitrag im Team ist der Person auch klar, was nicht zu ihren Prioritäten zählt. So können dann zum Beispiel mit gutem Gewissen Einladungen zu Meetings abgelehnt werden, deren Themen außerhalb ihres Fokus liegen. Ergo: Die zielgerichtete Produktivität steigt!

Allerdings: Einmal im Team dieses Empowerment zum Nein-Sagen klar zu definieren – damit ist der Job noch nicht getan. Ich stelle immer wieder fest, wie schwer ein »Nein« vielen Menschen fällt. Umso wichtiger ist es, dass Sie als Führungskraft dieses Empowerment vorleben und unterstützen, indem Sie selbst »Nein« sagen zu Themen, die nicht zu Ihren Prioritäten gehören und ein »Nein« zu Ihren Einladungen zulassen.

Ähnliches gilt für die Erlaubnis, »Nein« zu tradierten Vorgehensweisen zu sagen, die von Kollegen an Teams herangetragen werden. Nur durch diese aktive Abgrenzung meistern Sie gemeinsam die Lernkurve vom Status quo hin zu MAKING THE PACE.

Eindeutig auf Dauer

Wie ich oben schrieb: Das strukturelle Empowerment schafft Klarheit für den Einzelnen – ausgehend von der Vision, der Strategie, der Struktur und den dort definierten Prioritäten. Deshalb ist es logisch, dass aus jedem Update dort auch hier explizit eine Aktion folgen sollte: Stellen Sie sicher, dass Sie mit jedem Update auch das strukturelle Empowerment erneut gemeinsam definieren, damit jeder stets weiß, was er tun soll, wie er es tun soll, wofür er es tun soll.

Damit komme ich zur zweiten essenziellen Seite des Empowerments: der fachlichen Befähigung.

Am Puls der Zeit

Hier sehe ich zwei große Felder, in denen das kontinuierliche fachliche Empowerment in diesen Zeiten zwingend erforderlich ist.

Das ist zum einen die Weiterentwicklung des eigenen systemtheoretischen Verständnisses. Dieses Verständnis brauchen aus meiner Sicht alle, die in einem Unternehmen gestaltend tätig sein wollen, um den enormen Herausforderungen mit systemischen und systematischen Ansätzen gerecht werden zu können.

Zum anderen ist das ein aktueller Wissensstand in Sachen technologischer Möglichkeiten. Sie sind die Basis für immer neue Go-to-Market-Modelle, die weiter befeuert werden durch aufkommende Innovationen im Vertrieb und Marketing, sei es in Online-, Digital- oder Hybridform.

Alle entsprechenden Trainings sollten neben der Theorie die praktische Anwendung forcieren, damit der Transfer später auf die Aufgaben im eigenen Unternehmen einfacher fällt.

Eine Umsetzung von fachlichem Empowerment, die sich für mich vorbildlich liest, ist mir in den Beschreibungen von Ginni Rometty, langjährige CEO von IBM, in ihrem Buch »Good Power« begegnet. Als Technologieunternehmen, bei dem technologische Erneuerungen unmittelbar auf das Geschäftsmodell durchschlagen, ist es sich der Bedeutung der kontinuierlichen Weiterentwicklung der Mitarbeitenden schon lange bewusst. Es ermöglichte Mitarbeitenden in ihrer Zeit daher gezielt, einen großzügigen Anteil ihrer Arbeitszeit für Training und Befähigung einzusetzen bzw. das Training und die Befähigung als Arbeit anzusehen. Dieser Einsatz wird getrackt und ausdrücklich wertgeschätzt.

Ein wichtiger Aspekt von fachlichem Empowerment im Sinne eines Life Long Learning ist aus meiner Sicht zudem, dass das Angebot in den operativen Alltag eingebunden werden kann. So bedeutet es für die meisten eine große Hürde, wenn die Anforderung ist, sich mehrere Tage oder Wochen am Stück fachlich weiterzuqualifizieren. »Snackable« Lerninhalte, die fokussiert aufbereitet sind und einen Zeitaufwand von vielleicht nur ein bis zwei Stunden pro Woche erfordern, sind deutlich praktikabler. Und meiner Ansicht nach darüber hinaus effektiver, denn Wissen macht nur Sinn, wenn es unmittelbar in der Praxis angewandt wird – und das funktioniert mit inhaltlich abgesteckten, kontinuierlichen Lerneinheiten deutlich besser.

Was für das fachliche wie das strukturelle Empowerment gilt – und weil das so wichtig ist, möchte ich es an dieser Stelle noch einmal betonen: Beide sind integraler Part der Strategie wie Struktur und sollten sich deshalb unbedingt in der Anlage der Struktur, vor allem der Ablauforganisation wiederfinden, Stichwort: Lernprozesse. Es ist kein softes Prinzip, kein »nice to have«, sondern ein »must have« – für die Mitarbeitenden wie für das Unternehmen!

Zum Abschluss dieses Prinzips möchte ich gerne den Praxisbezug herstellen und kurz schildern, wie ich dieses strukturelle und fachliche Empowerment in einer meiner früheren Verantwortungen für die Online-Pure-Player-Kanal-Strategie sowie das eCommerce Key-Account-Management bei Bosch Professional Power Tools umgesetzt habe.

Gelebtes Empowerment

Zunächst zum strukturellen Empowerment: Hierfür setzten wir uns im Team alle sechs bis zwölf Monate zusammen mit dem Ziel gemeinsam zu erarbeiten: »Was macht wer, wie, mit wem, wofür?«. Dafür nutzten wir ein RASIC-Format – als Akronym von: **R**esponsible, **A**ccountable, **S**upportive, **C**onsulted, **I**nformed –, um die Verantwortlichkeiten pro Teammitglied festzuhalten.

Beispielsweise erklärten wir gemeinsam die Advertising-Rolle im Team für »responsible« für die quartalsweise Optimierung der zu buchenden Keywords, während die Agentur »accountable« war, weil diese die Aufgabe bearbeitete und die operativen Buchungen vornahm. Der Data-Analytics-Manager war »supportive« mit Input zu den aktuellen Suchvolumen. Der Retail-Marketing-Manager wurde dazu »consulted«, und die Key-Account-Manager und ich wurden über das Resultat und das Update »informed«.

Mit dieser Vorgehensweise definierten wir die Verantwortlichkeiten für alle Arbeitsaufgaben und hielten sie fest. Das Resultat war eine wirklich lange, aber sehr hilfreiche Excel-Liste, für aktuelle wie neue Teammitglieder.

Auf dieser Basis entwickelten wir das »Wie« zur Zusammenarbeit im Team. So wurden die Zusammenhänge und Korrelationen deutlich sichtbar ebenso wie der Beitrag jedes Einzelnen zum Gesamterfolg. Im Team sowie über die Teamgrenzen hinweg – Stichwort: Vernetzung.

Beim fachlichen Empowerment hatte ich im Rahmen der Gesamt-Kanalstrategie eine breitere Verantwortung übernommen und forcierte diese mit meinem Strategieteam über einen gestaffelten, strukturierten Dreiklang aus »snackable« Content und gemeinsamem Erleben:

1. Zweiwöchentlicher Impuls: Um die Auseinandersetzung mit neuen Themen zu habitualisieren, schrieben wir alle zwei Wochen Newsletter-Blogs zu aktuellen Trends, Technologien und deren mögliche Implikationen auf unser Geschäft bzw. – systemisch ausgedrückt – das Gesamtsystem. Ab und an auch Erfahrungsberichte, beispielsweise über einen erfolgreichen Kampagnenlaunch im Online-Bereich oder dem Ausprobieren neuer Vertriebsoptionen wie Live Shopping. Die Blogs wurden zunächst von mir oder den anderen Mitgliedern des Strategieteams verfasst, später ebenfalls von weiteren engagierten Kollegen.
2. Vier- bis sechswöchentliche Praxisvertiefung: In Zusammenarbeit mit der internen Sales- und Marketing Academy veranstalteten wir regelmäßig zweistündige Sessions, in denen es um reale Praxis-Inhalte ging. Eingeschlossen war ein praktischer Teil, in dem das Wissen in Anwendung und das Resultat jeweils wieder zurück an die Gruppe präsentiert wurde. Diese Sessions sollte die Regelmäßigkeit des Lernens etablieren und den funktionsübergreifenden Effekt im Arbeitsalltag sicherstellen.

3. Halbjährlicher Deep Dive: In diesem Rhythmus brachten wir alle Kernvertreter des Gesamtkanals zusammen, die entweder crossfunktional in Rollen waren, in denen sie die neuen Kanäle und Touchpoints bearbeiteten, oder einfach nur interessiert waren. Ziel war es, in dieser Community den gemeinsamen Erfahrungsaustausch und Life-Long-Learning zu leben – virtuell oder vor Ort in Präsenz.

Das Prinzip des Empowerments war und ist mir persönlich sehr wichtig, auch weil es Freude macht, die eigenen Teammitglieder und die Organisation wachsen zu sehen.

PRINZIP 9

Das kontinuierliche strukturelle und fachliche Empowerment der Mitarbeitenden ist in der Organisationsstruktur fest verankert.

Zugegeben dieses Prinzip kostet Zeit. Doch im Endeffekt steigert es die Geschwindigkeit im Unternehmen und sichert diese ab. Netto ergibt sich – idealerweise – so ein Zeitgewinn.

Doch die Geschwindigkeit, die Sie mit Hilfe der bisherigen neun Prinzipien erreichen und halten können, reicht noch nicht. Warum? Weil der Wandel sich, wie in Kapitel 2 ausgeführt, durch aktuell unbekannte Akzeleratoren noch weiter beschleunigen und umfassender wird. Die Gefahr, von links überholt zu werden, steigt. Dieser Herausforderung begegnen Sie mit Prinzip 10.

PRINZIP 10: DYNAMISIEREN

Vielleicht ging es Ihnen beim Nachdenken über die bisherigen vier Prinzipien der Struktur so wie mir. Bei aller Überzeugung, dass eine klare Struktur hilfreich ist, hat mir dann doch das nötige Maß an Flexibilität gefehlt. Ich habe mich gefragt: »Wenn wir nun akribisch aufgeteilt haben, wer sich mit welchen strategischen wie operativen Aufgaben beschäftigt – wer beschäftigt sich dann mit dem, was neu aufkommt?«

Schließlich ist es für ein Unternehmen überlebenswichtig, dass es sicherstellt, weiterhin in einem lebendigen System zu agieren – ganz im Sinne von Frederic Laloux's »Reinventing Organizations«. Wie also kann ein Unternehmen nahe genug an neuen Trends bleiben? Wie findet es schnell heraus, ob diese Trends nachhaltig bestehen und relevant sind?

Ich habe daher dieses zehnte Prinzip entwickelt und möchte Sie gerne für die Dynamisierung Ihres Unternehmens begeistern. Ich bleibe dafür in der Speedbootmetapher der vorherigen Prinzipien ...

Auf in die Exkursionsboote

Was es hierfür braucht ist, dass Sie neben Ihren Speedbooten Exkursionsboote bereitstehen haben. Mit diesen können Teammitglieder regelmäßig losziehen und erkunden, ob sich am Horizont etwas abzeichnet und ob und wie dieses unbekannte Gewässer exploriert werden könnte. Das heißt, dass die Teams strukturell einen gewissen Prozentsatz an Zeit zur Verfügung haben, um sich mit neuen Trends auseinanderzusetzen. Wie viel Zeit sinnvoll ist, lässt sich nicht dogmatisch festlegen, aber ich gehe von im Durchschnitt einer Stunde pro Woche aus.

Das ist schon in der klassischen agilen Logik so vorgesehen. Meine Erfahrung ist allerdings, dass es nicht reicht, wenn Sie nur die Möglichkeit dafür schaffen. Vielmehr sollten Sie aktiv die Auseinandersetzung mit neuen Trends forcieren und sicherstellen, dass diese diskutiert werden, zum Beispiel in Communities zum fachlichen Empowerment, damit in der spezifischen Betrachtung und Evaluation genug passiert.

Warum ist das so wichtig?

Stillstand bringt Rückstand

Zu Beginn des Buches hatte ich Sie auf die Megatrends Individualisierung und Konnektivität hingewiesen und warum ihr Einfluss dafür sorgen wird, dass immer neue Einkaufsformen entstehen werden. Und ich hatte Ihnen gezeigt, dass diese neuen Einkaufsformen sich um so schneller durchsetzen werden, je passgenauer sie auf die Kundenbedürfnisse eingehen. Gleichzeitig wird es schwieriger abzuschätzen, welche der aufkommenden Kanäle oder Technologie nachhaltig erfolgreich sein und weitergeführt werden – denken Sie zum Beispiel an so kurzlebige Phänomene wie Clubhouse.

Umso wichtiger ist es für Unternehmen, die Trends frühzeitig auszuprobieren, Erkenntnisse dazu zu sammeln und zurückzuführen, um dann zu entscheiden: »Skalieren wir mit Highspeed und leiten aus den Anforderungen Strategie- und Struktur-Updates ab – oder lenken wir unsere Ressourcen in eine andere Richtung?«

Da der Wandel stetig weitergeht, ist dieses Erkunden und Ausprobieren strukturell zu verankern, um KEEPING THE PACE sicherzustellen. Tun Sie das nicht, laufen Sie Gefahr, den Zustand des Nicht-Abgehängt-Seins bestenfalls temporär zu beheben: Die Kluft öffnet sich unweigerlich wieder, wenn andere Marktteilnehmer Entwicklungen am Horizont früher wahrnehmen und ihre Entscheidungen schneller treffen. Stillstand resultiert stets in Rückstand, wenn die Welt um Sie herum sich weiterentwickelt. Obwohl wir das alle wissen, fällt der Umgang damit oft schwer.

Doch wie bilden Sie den hier benötigten Prozess in Ihrer Struktur ab?

Exkursionsboot-Besatzung: Integriert oder isoliert?

Die konkrete Entscheidung sollten Sie immer abhängig davon machen, um welche Themenfelder es geht und vom Umfeld Ihres Unternehmens. Zwei Varianten sind denkbar: Entweder Sie lassen die Standardbesatzung der Speedboote regelmäßig in die Exkursionsboote steigen oder Sie installieren separate Exkursionsteams.

Nach meiner Erfahrung sind in vielen Kontexten die Besatzungen, die sich aus den Standard-Crews rekrutieren, erfolgsversprechender. Andernfalls besteht die Gefahr, dass eine Abkopplung stattfindet. Denn für den Fall, dass der Trend, den so ein Exkursionsboot identifiziert hat, groß wird, wird sich unweigerlich die gesamte Organisation weiterentwickeln müssen. Schließlich muss intern alles ineinandergreifen, um die nötige Geschwindigkeit beizubehalten.

Das ist wie in einem großen Räderwerk: Sobald sich auch nur ein Rädchen in eine andere Richtung dreht, müssen es alle anderen ebenfalls tun. Jetzt stellen Sie sich vor, dieses eine Rädchen, das die neue Richtung kennt, hat keine Verbindung zu allen anderen Rädchen. Diese tun sich naturgemäß schwer, den nötigen Richtungswechsel zu erspüren und setzen noch mehr Energie ein, um ihre aktuelle Richtung beizubehalten. Sprich: Weiß nur eine isolierte Exkursionsteambesatzung über die neuen Trends Bescheid, während die gesamte übrige Organisation weit weg ist von diesem Wissensstand, ist es kaum möglich, das Gesamtunternehmen entsprechend neu auszutarieren.

Ich habe deshalb dieses Prinzip bislang in der integrativen Form umgesetzt. Wie, das möchte ich Ihnen in Fortführung des Beispiels aus dem vorangegangenen Prinzip schildern.

Entdeckungsziele »Emerging Trends«

Ausgehend von der schon erwähnten Gesamt-Kanalstrategie bearbeiteten wir regelmäßig im Strategieteam einen Themenblock, den wir die »Emerging Topics« nannten. Ziel war, in diesem Block potenziell relevante Zukunftsthemen im Blick zu halten. Bei uns waren das sechs. Es hätten genauso fünf oder sieben sein können – wichtig ist nur, dass die Zahl nicht zu groß wird, damit diese Themen wirklich beobachtet, evaluiert und entsprechend getestet werden können.

Diese Trends analysierten wir länderübergreifend und besprachen anschließend mit den Kollegen in den Ländern, wer welches Thema näher exploriert. Jedes der Länder bekam, wenn möglich, ein, maximal zwei Themen zum Testen. Wir wollten so einerseits kein Land überfrachten und andererseits den Austausch und die Vernetzung in diesem Punkt leben.

Die Erfahrungen aus den Beobachtungen der Exkursionsboote und der gesteuerten Tests halfen uns enorm, ein Verständnis für diese neuen Themen zu bekommen, die aktuellen Absatzmöglichkeiten einzuschätzen und zu erfahren, wie die Themen in der entsprechenden Zielgruppe angenommen wurden. So entwickelten wir zum Beispiel an einem Voice-Commerce-Touchpoint einen Produktberater-Audio-Skill und testeten in einem Land, wie Augmented und Virtual Reality den Kaufprozess entlang unserer User Journey wirklich beeinflusst.

Mit diesem Prinzip der definitiv strukturell in der Ablauforganisation – und gegebenenfalls auch in der Aufbauorganisation – verankerten Exkursionsboote gelingt es Unternehmen, am Trendpuls zu bleiben und dort Pionierarbeit zu leisten, wo es im Rahmen der eigenen Zielsetzung Sinn macht.

PRINZIP 10

Mit Exkursionsbooten wird eine strukturierte Vorgehensweise für Themen verankert und gelebt, für die es noch kein Vorgehen gibt.

Nach den fünf Prinzipien zur Strategie haben Sie in diesem Kapitel nun die fünf Prinzipien kennengelernt, nach denen Sie Ihre Struktur im Sinne von MAKING THE PACE und einem BETTER BIG SYSTEM CHANGE gestalten können. Mit dem Zweck nach BRINGING UP TO PACE auch KEEPING THE PACE sicherzustellen.

Ich denke, es wird Sie nicht überraschen, dass Sie im nächsten Kapitel ähnlich grundlegende Veränderungen erwarten – dann zum Thema Führung. Denn wo sich Strategie und Struktur systematisch auf das nächste Level entwickeln, kann die Führung nicht stehenbleiben, vor allem da es deren Funktion ist, auf Basis der neuen Strategie und Struktur einen neuen Vorsprung zu etablieren. Dafür bedarf es eines neuen Verständnisses, was eine Führungskraft wirklich ausmacht: weg vom reinen Management hin zum Leadership.

DIE 5 PRINZIPIEN VON **KEEPING THE PACE** AUF EINEN BLICK

- **Prinzip 6:** Die drei Kernkriterien einer erfolgreichen Teamaufstellung und -komposition sind: Diversifizierung, Diversität und Vernetzung.

- **Prinzip 7:** Aufbau- und Ablauforganisation werden gemeinsam aufgebrochen und gleichzeitig auf den Markt hin neu ausgerichtet.

- **Prinzip 8:** Die Führungskräfte gestalten die Orchestrierung und die Ermöglichung der Teamleistung, die Mitarbeitenden agieren in einem eigenen vergrößerten Entscheidungsspielraum.

- **Prinzip 9:** Das kontinuierliche strukturelle und fachliche Empowerment der Mitarbeitenden ist in der Organisationsstruktur fest verankert.

- **Prinzip 10:** Mit Exkursionsbooten wird eine strukturierte Vorgehensweise für Themen verankert und gelebt, für die es noch kein Vorgehen gibt.

Kapitel 6

SETTING THE PACE – FÜHRUNG

Today, no leader can afford to be indifferent to the challenge of engaging employees in the work of creating the future. Engagement may have been optional in the past, but it's pretty much the whole game today.

Gary Hamel,
US-amerikanischer Ökonom

So grundlegend sich die Rahmenbedingungen für Unternehmen zuletzt gewandelt haben, so grundlegend haben sich die Anforderungen an deren Führung gewandelt. Deshalb erfordert MAKING THE PACE Leadership, das sich in entscheidenden Aspekten von der einer traditionellen Führung unterscheidet.

Leadership von heute braucht aus meiner Sicht Leader, die diesem Begriff gerecht werden und ...

- ... als Role Model agieren. Sie nutzen ihre Vorbildwirkung bewusst, um die Erwartungen, die sie an ihr gesamtes Umfeld haben – ihre Teams, Kollegen und Vorgesetzte – kongruent vorzuleben.
- ... eine transformative Auffassung von Leadership leben, wobei sie das eigene Ego zurückstellen, dem Team die Bühne geben oder gemeinsam die Bühne nehmen.
- . den nötigen Vertrauensraum im Sinne von »psychological safety« schaffen, damit auch unbequeme Wahrheiten ausgesprochen statt verschwiegen werden, um sie lösbar zu machen.
- ... ihre Funktion als eine dienende begreifen, Stichwort: »servant leadership«.
- ... in der Lage sind, Entscheidungen insbesondere angesichts von und trotz Unsicherheiten rasch zu treffen und zu orchestrieren.

- ... aber nicht in jeder Situation den Anspruch haben, jegliche noch so kleinen Entscheidungen selbst zu treffen oder den Weg zum Ziel bis ins Detail vorzugeben.
- ... Spaß daran haben, die kontinuierliche Weiterentwicklung ihres Umfelds und ihrer selbst zu forcieren.

Das sind im Überblick die 7 Eigenschaften, die nach meiner Erfahrung und meiner Beobachtung heutzutage langfristigen Erfolg von Leadership determinieren.

Ich bin sicher, dass Ihnen beim Durchgehen der Punkte aufgefallen ist: Viele davon stehen im Gegensatz zum hierarchischen Führungsansatz. Jenen beschreibe ich gerne – simpel ausgedrückt – als Pyramide, an deren Spitze eine Person steht, die alle Entscheidungen trifft, unabhängig davon, wie groß oder wie klein diese sind. Als Befähigungsnachweis für diese Position an der Spitze gelten häufig eine hohe Zahl an Dienstjahren.

Die Auflistung der neuen Leader-Kriterien steht für einen modernen Ansatz und mag auf manchen zunächst zu ambitioniert, abschreckend oder zumindest verschreckend wirken – das ist mir klar. Es entsteht möglicherweise der Eindruck, dass diese Art des Leaderships deutlich anstrengender ist als die bisherige Art zu führen. Und die Führungskraft könnte befürchten, die Dinge weniger gut unter Kontrolle, also »im Griff«, zu haben als zuvor.

Was richtig ist, ist, dass Leadership von heute anderen Anforderungen genügen muss – doch aus meinem eigenen Erleben kann ich Ihnen berichten, dass die Anstrengung nicht größer ist, der Erfolg und der Spaß aber sehr wohl. Ganz abgesehen davon, dass sich Führungskräfte angesichts der wachsenden Komplexität sowieso von der Illusion verabschieden müssen, »alles im Griff« zu haben.

Und: Zu diesem Leadership können Sie sich und andere befähigen. Die folgenden vier Prinzipien mögen Ihnen als Inspiration hierfür dienen, das abschließende Prinzip als Anregung, wie Sie mit einer neu austarierten Erfolgsmessung doch gefühlt wieder mehr »alles im Griff« bzw. »alles im Zugriff« haben können – als Leader, gemeinsam mit Ihrem Team und den weiteren Kollegen.

PS: Den Begriff »Leader« verwende ich im gesamten Buch dezidiert in angloamerikanischer Manier als geschlechtsübergreifende Bezeichnung.

PRINZIP 11: MIT KÜHNHEIT

Unter Kühnheit verstehe ich: Mut gepaart mit Entschlossenheit. Diese Kühnheit eines Leaders drückt sich auf drei Ebenen aus:

- der Ebene des Seins
- der Ebene der Kommunikation
- der Ebene des Handelns

Auf allen drei Ebenen erzeugt sie oder er nicht nur direkt Wirkung, sondern auch als Role Model innerhalb des Unternehmens. Beides sind entscheidende Faktoren bei SETTING THE PACE. Lassen Sie mich daher die Ebenen im Detail ausführen.

Kühn im Sein

Zunächst einmal muss ein Leader aus dem alten Rollenverständnis und Statusdenken von Führung konsequent ausbrechen – je nachdem, wie stark die bestehenden Strukturen vom hierarchischen Stil geprägt sind, erfordert schon das viel Mut und Entschlossenheit.

Der zentrale Punkt aber, wofür er oder sie in diesem Kontext Mut braucht, ist die Bereitschaft, sich auf Neues einzulassen, um zu lernen und darüber auch zu sprechen! Ihr/sein Umfeld muss diese Lernbereitschaft wahrnehmen, Fehler zulassen und die Denkprozesse nachvollziehen können. Warum das von Leadern Mut erfordert, hat zwei Gründe:

Erstens müssen sie sich persönlich auf die Phase der »bewussten Inkompetenz« einlassen. Vielleicht kennen Sie das Modell der Kompetenzstufenentwicklung: Wenn Sie von einer Sache noch wenig oder keine Ahnung haben, befinden Sie sich in der Phase der »unbewussten Inkompetenz« – die tut nicht weh, weil Ihnen das Bewusstsein für Ihr Nicht-Können fehlt. Wenn Sie sich aber daran machen, diese Sache zu lernen, erkennen Sie schnell, wie inkompetent Sie darin sind. Das ist unangenehme Zeit, die – machen wir uns nichts vor – selbst Ihr Umfeld wahrnimmt. Der Lohn dafür kommt erst später, wenn Sie in die Phase der »bewussten Kompetenz« und zuletzt der »unbewussten Kompetenz« übergehen: Sie haben das Wissen verinnerlicht, sind zurück im Autopiloten und strahlen die entsprechende Sicherheit aus.

Der zweite Punkt ist je nach Kontext ebenfalls nicht zu unterschätzen: Wenn ein Leader darüber spricht, dass er/sie Lernbedarf hat, gibt die Person zu, dass sie etwas noch nicht kann. Ich habe zwar den Eindruck, dass die Akzeptanz und positive Wahrnehmung der Bereitschaft zum »life long learning« steigt, noch aber gibt es vielerorts die Wahrnehmung, dass es von Schwäche zeugt, wenn eine Führungskraft über eigene Defizite spricht. Hier gilt es, als Leader mutig zu sein. Die Defizite bestehen schließlich selbst dann, wenn Sie nicht darüber sprechen.

Für mich persönlich der wichtigste Aspekt der Kühnheit im Sein des neuen Leaderships ist aber der folgende: der Mut, Entscheidungen unter Unsicherheit zu treffen und Dinge unbeirrt und optimistisch anzugehen, sobald die Entscheidung dafür gefallen ist sowie Hürden sportlich zu nehmen.

Im Angesicht der Unsicherheit

Diese Qualität ist heute mehr gefragt denn je, da durch die wachsende Komplexität und die massive Zahl der Veränderungen allgemein große Unsicherheit herrscht. In solchen volatilen Zeiten sind viele verschiedene Weichenstellungen denkbar, die Entscheidungsgrundlagen oft wenig verlässlich, einzubeziehende Kennziffern oder Regulatorien widersprüchlich.

Für einen Leader ist es daher wichtig, den eigenen Entscheidungsmuskel gut zu trainieren, um nach bestem Wissen und Gewissen auch unter Unsicherheit Entscheidungen zu treffen und umzusetzen. Was ihm oder ihr dabei helfen kann: sich bewusst zu machen, dass die Entscheidungssituation unter solchen Rahmenbedingungen eben in einer Nicht-Komfortzone stattfindet – das Gefühl von Unsicherheit also nicht von eigener Unfähigkeit zeugt, sondern davon, dass Pionierarbeit das so an sich hat. Was mir persönlich darüber hinaus hilft, ist, hierfür strukturierte Prozesse oder Denkmodelle zu nutzen.

Sobald die Entscheidung getroffen ist, ist es wichtig, dass Leader die Unsicherheit beiseitelegen können. Denn die Beherztheit, mit der sie ihre Entscheidungen vertreten und umsetzen, ist für den Erfolg entscheidend. Zögern sie, zögern alle. Gehen sie jedoch mutig voran, können sie ein Movement kreieren – sobald der erste mitgeht, geht der Großteil der anderen ebenfalls mit. Wenn Sie sehen möchten, wie eine solche Bewegung entsteht, empfehle ich Ihnen das YouTube-Video »Leadership Lessons from Dancing Guy« von Daniel Sivers.

Ein Leader nutzt die rolleneigene Vorbildwirkung im Sinne der Sache. Diese Wirkung ist essenziell, wenn es darum geht, MAKING THE PACE in die Implementierung zu bekommen und das Team mitzunehmen. Ich habe das selbst zum Beispiel Anfang 2020 erlebt.

Fast zeitgleich waren damals in den meisten Ländern Lockdowns verhängt worden, wodurch viele Parameter von heute auf morgen unkalkulierbar geworden war. Wir fragten uns, ob die Märkte nun für die nächsten Monate zusammenbrechen oder einige Länder im eCommerce-Kanal sogar Mehrbedarf anmelden würden. Das sorgte im Unternehmen für große Unsicherheit, denn schließlich musste die Produktion geplant werden – nur wie? Keiner wollte die finanzielle Situation durch Überbestände noch weiter strapazieren, da diese direkt auf den Cash Flow durchschlagen.

Ich war damals als Verantwortliche für den Online-Pure-Kanal und die eCommerce-Kunden davon überzeugt, dass dieses Geschäft weitergehen und sogar mehr Wachstum als geplant entstehen würde. Ob es so kommen würde, konnte ich, ebenso wie alle anderen, nicht mit hundertprozentiger Verlässlichkeit sagen, und doch wollte ich mit meiner felsenfest vertretenen Überzeugung meinem Team Sicherheit geben. Deshalb teilte ich in aller Klarheit meine Gedanken dazu und argumentierte beharrlich dafür, dass wir den Forecast hochnahmen – auf meine Verantwortung hin. Da ich für mich als Folge meines persönlichen strukturierten Entscheidungsprozesses tatsächlich alle Unsicherheiten ausgeräumt hatte, konnte ich das Team und die Stakeholder schließlich auf meine Seite ziehen.

Wir nahmen also die Planung hoch und kommunizierten allen Beteiligten, warum wir die Läger offen und ausreichend bestückt halten müssen. Dieses entschlossene Vorgehen hatte spürbare Auswirkungen auf den Teamspirit, das Commitment und entsprechend auf die Resultate.

Ich will eines nicht verheimlichen: Wenn Sie sich zu einem solchen überzeugten Vorgehen entschließen, bieten Sie natürlich Angriffsfläche – gerade in Phasen, in denen es noch unklar ist, ob es funktioniert. Doch wie sagte der damalige Bosch-Geschäftsführer Uwe Raschke in anderem Kontext zu mir? »Gehen Sie Konflikten nicht aus dem Weg. Reibung ist oft positiv und führt zu besseren Ergebnissen. Und wo gehobelt wird, fallen auch mal Späne.« Will heißen: Zu einem beherzten Vorgehen wird es immer unterschiedliche Meinungen geben. Doch wenn Sie keine Angriffsfläche bieten möchten, werden Sie keinen Erfolg haben können.

Damit komme ich zur zweiten Ebene der Kühnheit des neuen Leaderships: der Kommunikation. Diese wird meiner Beobachtung nach häufig nicht so intensiv beleuchtet – vielleicht weil sie noch unbequemer als die beiden anderen ist, da unmittelbar sichtbar. Tatsächlich steht sie in ihrer Bedeutung jedoch den beiden anderen in nichts nach.

Kühn in der Kommunikation

Der Ansatz des Herrschaftswissens ist tot. Selbst wenn sich das inzwischen herumgesprochen haben sollte: Es braucht nach wie vor Mut, auf Augenhöhe zu führen und Informationen weiterzugeben statt sie als Mittel zur Profilierung zu horten. Denn – ich habe es schon mehrfach angesprochen – das Ziel ist nur erreichbar, wenn alle ihren Beitrag leisten. Jedes Rädchen greift in ein anderes. Arbeitet eines nicht so wie es könnte, behindert es auch die anderen.

Aus diesem Grund braucht jeder alle relevanten Informationen, unabhängig davon, wo sein Platz im Organigramm ist. Modernes Leadership folgt daher dem Grundsatz, Wissen zu teilen, um es durch Feedback und Anreicherung mit weiteren Perspektiven zielgerichtet zu vergrößern. Die Komplexität, die es zu meistern gilt, macht es unumgänglich, das Know-how und Know-why durch Teilung zu vermehren.

Um einem Missverständnis vorzubeugen: Ich will nicht sagen, dass Führungskräfte sämtliche Informationen ungefiltert weitergeben sollten – damit werden sie ihrer Aufgabe nicht gerecht. Aber alles, was relevant ist für die Zielerreichung, muss geteilt werden! Das ist auch mein persönliches Credo.

Zugegeben bedeutet das durchaus eine Mehrleistung des Leaders, denn er oder sie sollte der jeweiligen Information eine Priorisierung mitgeben können: Was ist eine relevante Information und was davon könnte konkret in eine Aktion einfließen? Diese Mehrleistung ist relevant, denn sie zahlt sich vielfach aus. Ich zum Beispiel nutze dafür eine Clusterung im Betreff jeder Email, um deutlich zu machen: Was ist eine Action? Was ist eine Info – Must-Read? Was ist eine depriorisierte Info – Nice-to-Read?

Die dritte und letzte Ebene der Kühnheit im Leadership ist die Ebene des Handelns, vor allem in einem zentralen Punkt …

Kühn im Handeln

Es ist der Mut, den Status quo jederzeit zu hinterfragen – selbst wenn dieses Hinterfragen dazu führen könnte, dass der Leader seine eigene Abteilung oder sich selbst obsolet macht.

Leadership legt den Fokus konsequent und uneitel auf den Geschäftszweck und ordnet sich selbst dem Ziel unter. Es tut dies aus einem Mindset heraus, dass mit dem Hinterfragen kein negatives Urteil über die aktuelle Vorgehensweise verbunden ist: Diese muss nicht schlecht gewesen sein. Doch wenn es aufgrund veränderter Rahmenbedingungen nun eine neue Vorgehensweise braucht, hat ein Leader den Mut und die Verantwortung, das entsprechend aufzuzeigen. Und dann prompt zu adaptieren.

Leader sind sich im Klaren, dass sie einerseits unbeliebte Fragen stellen und Wahrheiten ansprechen muss, wenn sie den Status quo hinterfragen. Andererseits sind sie sich gleichzeitig bewusst, dass sie für eine Weiterentwicklung über den Status quo hinaus eine positive, vorwärtsgerichtete Graswurzelbewegung in der Organisation initiieren müssen. Beides erfordert oft unternehmerische und hartnäckige Aufklärungsarbeit, um genügend Menschen für die Veränderung zu gewinnen und dann gemeinsam, konsequent, über Hindernisse hinweg zu handeln und den Weg zu beschreiten. Aus eigener Erfahrung weiß ich: Das ist nicht trivial. Aber umso schöner ist es zu sehen, wenn die Arbeit anfängt, Früchte zu tragen und sich neue Gewohnheiten etablieren.

Zusammenfassend möchte ich sagen: Die Kühnheit auf all diesen Ebenen ist heute eine unverzichtbare Anforderung an Leadership. Deshalb ist dies aus meiner Sicht eine Eigenschaft, die jeder Leader an sich selbst gezielt entwickeln sollte. Erfolg braucht Mut und Entschlossenheit!

PRINZIP 11

Leadership braucht ein Triple-K: Kühnheit im Sein, Kühnheit in der Kommunikation und Kühnheit im Handeln.

Schon mit diesem ersten Prinzip in Sachen Führung ist der Leader persönlich gefordert. Und auch das nächste Prinzip wird dieses tun.

PRINZIP 12: MIT INTEGRITÄT

Das Wort »Integrität« stammt vom lateinischen »integritas« – eine Vokabel, die mir wie vielleicht auch Ihnen schon im Latinum begegnet ist. Übersetzt bedeutet sie »intakt, unversehrt«. Im beruflichen Kontext bedeutet Integrität für mich, ehrlich zu sein und seinen moralischen Werten stets treu zu bleiben. Wer als integer wahrgenommen werden möchte, muss sich daher über seine Werte im Klaren sein, diese erklären können, ihnen gemäß handeln und resilient sein gegenüber möglichen Konsequenzen.

Tatsächlich war Integrität in einer Führungsrolle seit jeher eine wertvolle Eigenschaft – denken Sie zum Beispiel an den ehrbaren Kaufmann, der als Sinnbild des langfristig erfolgreichen Unternehmers in meiner Heimatstadt Hamburg eine jahrhundertealte Tradition hat. Dieses Leitbild hat in den letzten Jahren jedoch noch an Bedeutung gewonnen. Warum?

Mehr, tiefergreifend, anspruchsvoller

Die Zusammenarbeit mit Stakeholdern und offiziellen Gremien ist Teil der Führungsaufgaben. Sie wird daher in den Unternehmen seit Jahren und Jahrzehnten praktiziert, dabei hat sich über die Zeit eine bestimmte Praxis eingeschliffen. In Deutschland zum Beispiel ist häufig der Presse zu entnehmen, dass die Zusammenarbeit entweder konfrontativ oder durch übermäßiges Harmoniebedürfnis geprägt ist – beides verlangsamt viele Abläufe.

In der neuen, komplexeren Unternehmenssituation gilt es, diese Zusammenarbeit bewusster zu gestalten, um die nötige Geschwindigkeit zu erreichen. Es gilt, zu einer skalierbaren Zusammenarbeit zu gelangen. Denn wenn Sie um jedes Detail jedes Mal auf Neue diskutieren müssen, weil gegenseitiges Misstrauen die Atmosphäre prägt, sind Ihre Entscheidungsprozesse schlichtweg zu langsam. Dasselbe gilt, wenn in der Zusammenarbeit von Aufsichtsrat und Vorstand nicht ausreichend über strategische Themen diskutiert wird. Dann sind die Gremiensitzungen zwar vielleicht rasch vorbei, aber der Fortschritt des Unternehmens schlicht zu gemächlich.

Die Umstellung auf eine vertrauensbasierte, transparente Zusammenarbeit ist darüber hinaus deshalb eine große Herausforderung, weil die Umwälzungen, die in den Unternehmen anstehen, deutlich tiefgreifender sind als früher. Dadurch steigt nicht nur die Anzahl der Themen, die mit den Stakeholdern besprochen werden müssen, sondern darüber hinaus die Zahl der Interessensgruppen, mit denen eine Einigung gefunden werden muss.

Daher ist es essenziell, dass Leader daran arbeiten, die Silos aufzubrechen, in denen sich Unternehmensorgane, Interessengruppen, Betriebsrat und Verbände in vielen Ländern oft noch gegenüberstehen. Ziel ist es, davon wegzukommen, dass jeder konsequent nur den individuellen Standpunkt vertritt, und hinzukommen zu einer effektiveren Zusammenarbeit zwischen den unterschiedlichen Positionen.

Die Basis für dieses Vertrauen ist es, dass ein Leader mit den Stakeholdergruppen angstfrei und offen kommuniziert. Dass sie oder er es schafft, Anerkennung für den Wandel und die nötigen Veränderungen in der Strategie zu wecken. Er/sie braucht das Rückgrat, die Lage offen und bei Bedarf mehrfach zu erklären und dafür einzustehen.

Die Alternative wäre, den kurzfristig bequemeren Weg zu gehen und alles so zu lassen, wie es ist. Und genau hier kommt die Integrität ins Spiel: Leader sind sich über ihre eigenen Werte im Klaren und darüber hinaus über die Werte ihres Unternehmens. Sie bleiben diesen in der Sache treu und lassen sich nicht von kurzfristigen Interessen fehlleiten. Stattdessen legen sie hartnäckig ihren Fokus darauf, die große Mehrheit der Beteiligten mitzunehmen, um am Ende gemeinsam an einem Strang zu ziehen.

Wie das in der Praxis aussehen kann, hat mir vor einigen Jahren die damalige Geschäftsführerin für den Lebensmittelbereich von Unilever Österreich vorgelebt.

Ein Mensch voller Überzeugung

Eine größere Restrukturierung sollte durchgeführt werden: Die Verantwortlichkeiten für Food Deutschland, Österreich und Schweiz sollten ab sofort in einer regionalen D-A-CH-Struktur zusammengeführt werden, um die Märkte übergreifend und effizienter zu betreuen. Diese Geschäftsführerin aber war der tiefsten Überzeugung, dass diese Maßnahme den Erfolg in allen drei Ländern beeinträchtigen werde.

Sie argumentierte standhaft, dass die Konsumentengewohnheiten in dieser Kategorie von Land zu Land so unterschiedlich seien, dass eine gemeinsame Gesamtsteuerung dem nicht gerecht werden könne. Sie bejahte durchaus, dass dadurch die Kosten minimiert werden könnten. Dass aber der Umsatz maximiert werde: Nein, das sah sie nicht. Im Gegenteil. Sie warb daher dafür, vom jeweiligen lokalen Markt, Konsumentenvorlieben und Gaumen her zu denken.

Der möglichen Konsequenz ihres Widerstandes gegenüber, nämlich eine attraktive Position in der neu geplanten Struktur aufs Spiel zu setzen, zeigte sie sich resilient. Es ging ihr um das übergeordnete Unternehmensziel, zu diesem Zeitpunkt: das langfristige Bestehen des Geschäfts in jedem der Märkte vs. einer kurzfristigen, eher eindimensionalen Verbesserung.

Mit ihrer klaren Argumentation konnte sie schließlich im Unternehmen überzeugen.

Und noch ein weiteres Beispiel für Integrität aus meiner Unilever-Zeit, diesmal auf Unternehmensebene, möchte ich hinzufügen, weil es mich sehr geprägt hat.

Ein Vorstand voller Überzeugung

2017 machte Kraft Heinz der Geschäftsführung von Unilever ein diskretes Übernahmeangebot. Jetzt müssen Sie wissen, dass hier zwei Unternehmen mit völlig unterschiedlichen Wertvorstellungen aufeinanderprallten. Auf der einen Seite Unilever, das mit seinem Unilever Sustainable Living Plan auf eine langfristige, nachhaltige Ausrichtung setzte und den Nachhaltigkeitsindex im Dow Jones seit Jahren anführte. Auf der anderen Seite Kraft Heinz, das als Private-Equity-getriebener Konzern mehr für eine kurzfristige Aussteuerung seiner Unternehmen bekannt war und die Kostenoptimierung auch im Produkt- und Marketingbereich voranstellte.

Und so wies die Unternehmensleitung von Unilever das Angebot von Kraft Heinz umgehend und offiziell als viel zu niedrig zurück – und machte damit das Angebot publik. Beobachter deuteten diese offene Kommunikation als bewusstes Manöver, um die interne wie externe Öffentlichkeit gegen die sich andeutende feindliche Übernahme zu sensibilisieren. Kraft Heinz zog sein Angebot prompt zurück.

Ich bewundere dieses beherzte und integre Handeln des Vorstands nach wie vor, denn es ist sehr wahrscheinlich, dass der Deal für den einen oder anderen aus dem Führungsteam finanziell sehr attraktiv gewesen wäre.

Nötig und lohnenswert

Integrität zu wahren, ist stets ein Kraftakt. Im Sinne von Alfred Herrhausen gilt es, alles zu durch-denken, allem nach-zu-denken. Das ist angesichts der neuen Dimensionen der Zusammenarbeit, ausgelöst durch die Komplexität der Beziehungen und Verflechtungen, erst recht nötig geworden.

Darüber hinaus stellt der Wandel alle bestehenden Systeme infrage. Denn es geht nicht mehr nur um Teilbereiche, sondern immer um das große Ganze. Wenn Sie innerhalb des Unternehmens alles verändern, müssen Sie darüber hinaus – dem Systemgedanken folgend – außerhalb alles verändern.

Daher haben Sie es, wie eingangs erwähnt, sowohl mit einer größeren Bandbreite an Stakeholdern – Stichwort: Individualisierung – zu tun als auch mit einer größeren Bandbreite an Themen sowie Tiefe der Themen im Herausforderungsgrad. Sie stoßen im globalen Kontext außerdem auf widerstreitende Systeme und Interessen. In diesem Spannungsfeld die Integrität zu wahren, ist eine nötige und lohnenswerte Aufgabe: Der langfristige Unternehmenserfolg hängt davon ab. Deshalb sollte jeder Leader, der mit ihrer/seiner Firma nicht abgehängt bzw. Vorsprung entwickeln will, frühzeitig beginnen, den eigenen »Integritätsmuskel« zu trainieren.

PRINZIP 12

Leadership erfordert Integrität. Integrität erfordert Werteklarheit, Rückgrat und Bereitschaft zum Nach-Denken und Vor-Denken.

Während dieses und das vorangehende Prinzip auf die persönlichen Fähigkeiten eines Leaders abzielen, gehe ich im nächsten Prinzip darauf ein, welchen Anforderungen das Kompetenzprofil eines Leaders folgt.

PRINZIP 13: MIT T-KLASSE

Um zu verdeutlichen, was die Klasse eines Leaders ausmacht, eignet sich hervorragend der Großbuchstabe »T«. Dieser steht einerseits für die tiefe fachspezifische Expertise eines Menschen – das ist der vertikale Strich des T. Andererseits zeigt der horizontalen T-Strich an: Diese Person hat sich über den eigenen Tellerrand hinaus Wissen und Fähigkeiten aufgebaut, die ein generalistisches Verständnis ermöglichen.

Beide T-Striche sind für ein erfolgreiches Leadership notwendig.

Die Idee dieses Kompetenzprofils ist vielleicht nicht ganz neu, aber eine konsequente Umsetzung dessen in Rollenbeschreibungen und -besetzungen ist aus meiner Sicht dennoch selten gang und gäbe. Daher lohnt sich die Auseinandersetzung damit.

Die T-Horizontale

In der neuen komplexen Welt braucht ein Leader das Verständnis, wie die Unternehmensorganisation als Ganzes und sein Ökosystem funktionieren. Nur so kann sie/er Exzellenz über die gesamte Organisation und sämtliche Prozesse hinweg gestalten, sicherstellen und das Gesamtgeschehen orchestrieren.

Das gilt über alle Funktionen hinweg genauso wie über die involvierten Branchen mit ihren unterschiedlichen Wertschöpfungsketten und User Journeys, da die Grenzen fließend sind. Erst auf der Basis dieses Verständnisses für das System kann BETTER BIG SYSTEM CHANGE vorangetrieben werden.

Für Leader im Bereich von Vertrieb, Marketing und Handel sind diese Kompetenzen aus einem weiteren Grund eine wichtige Voraussetzung: Schließlich ist die Erwartung an ihre Akteure im Team ebenfalls, dass diese generalistisch denken und agieren – dafür sollten die Teamleader entsprechend Sparringspartner sein können.

Für beides braucht es neben der beschriebenen Breite die fachspezifische Tiefe.

Die T-Vertikale

Ein Leader muss über eine tiefe fachliche Expertise verfügen. Er oder sie muss die Materie durchdringen können, um hier erfolgreich agieren und die Einzelthemen anschließend verbinden zu können.

Beispielsweise zeugt diese Fachexpertise in Vertrieb und Marketing von einem umfassenden und tiefgreifenden Verständnis, welche Absatzkanäle und Touchpoints es gibt, welche Reichweite und Wirkung diese haben, welche Performance damit erzielt werden kann, was gute und was schlechte ROIs sind, wie Mediabookings funktionieren, wie erfolgreiche Verhandlungsführung aussieht etc.

Diese Anforderung gilt für alle Bereiche, besonders aber für Vertrieb, Marketing und Handel – vielleicht kennen Sie den Spruch: »Retail is detail«. Im Handel kommt es nach wie vor auf die Details an. Dieser Aspekt wird im Zuge der Megatrends der Individualisierung und Personalisierung sogar noch relevanter.

Beides ist also wichtig: eine tiefe fachliche Kompetenz und eine übergreifende systemische Kompetenz. Doch erst in der Kombination entfalten sie das nötige Potenzial, daher sollte in der Praxis der Fokus auf der Kombination liegen.

Eine unschlagbare Kombination

Für einen BETTER BIG SYSTEM CHANGE brauchen Sie einerseits die Exzellenz in Entwicklung und Führung der Aufbauorganisation. Das heißt, hier ist Ihre Fachexpertise im eigenen Ressort gefragt.

Andererseits brauchen Sie Ihr ganzheitliches Verständnis, um parallel die Ablauforganisation, also die Prozesse entlang der gesamten Wertschöpfungskette erfolgreich zu gestalten.

Zu einer unschlagbaren Kombination gehört jedoch darüber hinaus noch das tiefe Verständnis in zwei weiteren Bereichen: den Querschnittsthemen der Strategie – Nachhaltigkeit und Digitalisierung.

So brauchen Sie für das Thema Nachhaltigkeit ein solides Basiswissen, welches Sie mit Ihrem Domainwissen vernetzen, damit Sie identifizieren können, wo und wie Sie die Produkte oder Prozesse nachhaltiger gestalten können. Das gilt ebenfalls für die Digitalisierung: Dank Ihrer Fachexpertise und eines technologischen Basis-Know-hows müssen Sie einschätzen können, wo und wie Sie Prozesse automatisieren, digitalisieren, und mittels KI effizienter und effektiver gestalten können.

Und auf beiden Gebieten bedarf es des breiten Verständnisses, um zu wissen, wie Sie diese Veränderungen in der Gesamtorganisation implementieren, Schnittstellen managen und die Teams darauf schulen.

Das heißt, diese Fähigkeit zum vernetzten, disziplinenübergreifenden Denken ist essenziell für den BETTER BIG SYSTEM CHANGE.

Persönlich weiter

Darüber hinaus sage ich aus meiner eigenen Erfahrung heraus: Der Blick über den Tellerrand ist stets wertvoll, um die eigene Fachexpertise zu verbreitern und zu vertiefen sowie das Verständnis für Gesamtsystem plus Ökosystem auszubauen.

Das ist mir besonders aufgefallen bei meinen beruflichen Wechseln zwischen Markenartikelunternehmen und Händler. Mein persönlicher Blick auf das Gesamtsystem wurde mit jeder Verantwortung kompletter, gleichzeitig konnte ich weitere spezifische Expertisen aus Vertrieb, Marketing und Einkauf aus unterschiedlichsten Perspektiven vertiefen und ausbauen wie Verhandeln mit multiplen Variablen und Stakeholdern oder hochkomplexe Touchpoint-Steuerung.

PRINZIP 13

Ein Leader zeichnet sich durch T-Klasse aus:
Das Kompetenzprofil weist vertikal eine tiefe fachliche Expertise und horizontal ein ganzheitliches Verständnis für das System auf.

Ein Leader sollte sich also sinnvollerweise diese »T-Klasse« aneignen. Angesichts des rasanten Wandels ist allerdings jeder Kompetenzstatus nur eine Momentaufnahme. Und die Frage ist: Wie stellen Sie sicher, dass die T-Klasse erhalten bleibt? Lesen Sie dazu Prinzip 14.

PRINZIP 14: MIT VERSTAND

Für einen Leader gilt der Imperativ der kontinuierlichen Weiterentwicklung noch eindeutiger als für alle anderen Teammitglieder im Unternehmen: Der Anspruch an die Qualität ihrer oder seiner Fähigkeiten ist hoch, sowohl an die persönlichen wie an die fachlichen, sowohl an die im Bereich der Führung und der Fachexpertise als auch an die als Role Model. Die kontinuierliche Arbeit an Kompetenzen im Sein, Kommunizieren und Handeln ist daher aus meiner Sicht ein Muss, um Pacemaker bzw. Pacesetter zu sein.

Dementsprechend möchte ich Ihnen in diesem Prinzip Impulse für dieses Life-Long-Learning in den geforderten Bereichen an die Hand geben. Zu diesen Impulsen gehört auch das Framework, welches ich persönlich nutze, um meine eigene Weiterbildung strukturiert anzugehen. Probieren Sie es aus, ob es zu Ihnen passt, adaptieren Sie es an Ihre Bedürfnisse oder erstellen Sie sich ein ganz eigenes. Wichtig ist meiner Erfahrung nach nur, dass Sie bewusst einen Mechanismus nutzen, damit es Ihnen gelingt, konsequent an Ihrer Weiterentwicklung zu arbeiten.

Persönlich auf der Höhe bleiben

Bei der Entwicklung der Persönlichkeit geht es um eine kontinuierliche Reflexion des eigenen Tuns, auch im Spiegel neuer Erkenntnisse aus beispielsweise der Leadership- und Trendforschung, der Psychologie, den Neuro- und Kommunikationswissenschaften.

Mein Framework dafür gliedert sich in drei Sektionen:

1. einen akademisch-theoretischen Part
2. einen explorativ-praktischen Part
3. einen reflektierenden Part

Der akademisch-theoretische Part ist der Auseinandersetzung mit der Forschung gewidmet. Dafür setze ich mir persönlich jedes Jahr ein Ziel, wie zum Beispiel »Internationales Organisationsverhalten und Führung von interkulturellen Teams«. Um dieses Ziel zu erreichen, suche ich mir einen Kurs oder ein Seminar, in dem ich mein Wissen weiterentwickeln kann – in diesem Fall war es ein Kurs an der Università Bocconi.

Persönlich wähle ich gerne ein solches Format, üblicherweise und wenn die Zeit es zulässt in Präsenz: Das gibt mir die Möglichkeit, die Erkenntnisse direkt mit Gleichgesinnten in einer Community zu diskutieren. Dieser Austausch bietet einen wirksamen Resonanzboden dafür, wie die akademischen Erkenntnisse auf mich selbst wirken und wie ich es in der Praxis anwenden kann.

Im explorativen Part probiere ich dann bewusst das in der Theorie neu Erfahrene selbst aus, um dessen Wirkung zu testen. Um meine »Testergebnisse« festzuhalten, nutze ich ein wöchentliches Journaling: Ich reviewe in einer kurzen, üblicherweise 15-minütigen Session, gezielt ein bis zwei Fragen, die auf mein gewähltes Ziel einzahlen. So halte ich fest, wie sich Dinge in der Praxis und dem jeweiligen Kontext bewähren oder eben nicht bewähren.

Mein Framework zur persönlichen Weiterentwicklung rundet sich ab durch den reflektierenden Part. Hier beziehe ich themenabhängig langjährige Weggefährten, Coaches oder Mentoren ein. Für die Thematik des interkulturellen Leaderships waren es zum Beispiel gezielt Sparringspartner rund um den Globus: aus Deutschland, aus China, aus den USA. Die eigenen Erkenntnisse hier diskutieren zu können, gibt mir Impulse. So baue ich mein eigenes Handlungsrepertoire weiter aus.

Möglicherweise drängt sich Ihnen bei diesen Ausführungen die Frage auf, ob das nicht sehr viel Zeit kostet. Die schonungslose Wahrheit ist, dass Sie sich für solche Aktivitäten bewusst Zeit einplanen müssen. Denn wenn Sie sich als Leader weiterentwickeln wollen, ist das wie wenn Sie sich vornehmen, einen Marathon zu laufen: Dafür melden Sie sich nicht heute an, um morgen zum Rennen anzutreten. Sie absolvieren stattdessen einen langfristigen Trainingsplan, der neben Ausdauerübungen zum Beispiel Krafttraining vorsieht. Dieser Plan wird mit einem kontinuierlichen Zeit-Invest einhergehen, doch nur so werden Sie Ihren Marathon erfolgreich bewältigen.

Das gilt für eine Führungsposition heutzutage genauso: Sie haben Ihre »Führungsmuskeln«, in diesem Fall Ihren Verstand, aktiv zu füttern, zu trainieren und weiterzuentwickeln, damit Sie Ihren Führungsmarathon meistern können – auf persönlicher wie auf fachlicher Ebene. Ohne eine gewisse körperliche Fitness geht es übrigens ebenfalls nicht. Auf diese gehe ich hier jedoch nicht weiter ein: Dazu liegt ausreichend andere Literatur vor.

Fachlich auf der Höhe bleiben

Es gibt eine Grundvoraussetzung für die Weiterentwicklung auf fachlicher Ebene: sich von der Vorstellung zu lösen, dass einmal Gelerntes für immer Bestand hat oder bis zur Rente ausreicht. Es genügt noch nicht einmal mehr, sich alle paar Jahre auf den neuesten Stand zu bringen. Tatsächlich sinkt die

Halbwertszeit des Wissens kontinuierlich weiter angesichts der rasanten Weiterentwicklung, befeuert von den technologischen Entwicklungen und der Adaptionskraft neuer Technologien.

Ein Leader muss sich daher auf der fachlichen Seite kontinuierlich up-to-date halten – idealerweise mit Hilfe eines Mix aus Fachveranstaltungen und der regelmäßigen Auseinandersetzung mit Fachpublikationen aus verschiedenen Quellen. Das ist wichtig, weil ein Leader in der Lage sein muss, Entwicklungen versiert aus unterschiedlichen Perspektiven zu beleuchten und in ihrem »Wie« zu verstehen. Dieses Verständnis hilft dann früh zu abstrahieren, welche Implikationen die neuen Entwicklungen auf das eigene Geschäftsmodell haben. In der Essenz geht es darum, sich eine eigene Meinung bilden zu können, um unabhängig und selbstwirksam zu bleiben und nicht abhängig zu werden von Beratern und Agenturen – denn das beobachte ich vielfach, insbesondere bei den entscheidenden neuen Themen.

Auch bei dieser fachlichen Weiterentwicklung kann Sie mein dreigeteiltes Framework dabei unterstützen, diese in Ihren Berufsalltag zu integrieren. Wie das konkret aussieht, schildere ich im nachfolgenden Abschnitt.

Fachliches Wissen aufnehmen, testen, adaptieren

Im theoretischen Part habe ich gute Erfahrungen damit gemacht, mich vorrangig mit den Entwicklungen auf der technologischen Seite auseinanderzusetzen. So erfasse ich frühzeitig die neuen Möglichkeiten, die sich daraus zum Beispiel für Vertriebs- und Marketingkanäle ergeben: Haben diese Technologien, neuen Features, neue Plattformen das Potenzial, die Konsumentenbedürfnisse noch besser zu erfüllen? Sind sie mit aktuellen Regulatorien vereinbar?

Ich halte es in diesem Kontext unter anderem für höchstspannend, Patentanmeldungen beispielsweise bei den Ämtern in den USA zu verfolgen oder zu beobachten, was Unternehmen anderer Branchen am Markt machen – die Beobachtung der Konkurrenz versteht sich von selbst.

Daneben verfolge ich generell die Markt- und Konsumentenforschung: Was wirkt wie? Welche Erinnerungskraft entfaltet was?

Im explorativ-praktischen Part probiere ich selbst leidenschaftlich gerne neue Technikkanäle aus: Ich streame etwas auf Twitch, teste mich durch verschiedene Gamingansätze, gehe als Avatar durchs Metaverse – um einige Beispiele aus der Zeit zu nennen, in der ich dieses Buch hier schreibe. Ich leite daraus ab, was für meine eigene Branche und unsere Geschäftsmodelle relevant ist.

Für den reflektierenden Part tausche ich mich vor allem mit Gleichgesinnten aus, die in einer ähnlichen Situation sind und vor ähnlichen Herausforderungen stehen. Eine gute Möglichkeit ist darüber hinaus, diese Themen in den einschlägigen Verbänden offen und kontrovers zu diskutieren. Was für mich ebenfalls interessant ist: gemeinsam mit der eigenen Community zu explorieren und zu reflektieren, inwieweit die neuen Möglichkeiten tatsächlich Bedürfnisse abdecken. Für wie signifikant ich die Bedeutung dieser eigenen Communitys halte, habe ich Ihnen bereits in Prinzip 4 »Wohl orchestriert« dargestellt.

Ein weiteres konkretes Beispiel möchte ich Ihnen geben aus der Zeit, in der ich mich auf meinen Wechsel von Unilever zu Amazon vorbereitet habe. Mir war damals bewusst, dass das Arbeiten bei Amazon deutlich technologiebasierter sein würde als bei Unilever – schon aufgrund der vielfach höheren Datenvolumina würde ich Skills in SQL und Automatisierung benötigen.

Daher absolvierte ich vor dem Start einen Onlinekurs der Stanford University zu »Machine Learning«: Ich wollte zumindest grob verstehen, wie KI und Automatisierung technisch funktionieren, um später dessen Entwicklung und Anwendung als Leader im Vendor Management vernünftig steuern und gemeinsam mit den KI-Experten definieren zu können.

Nebenbemerkung: Dieses Wissen hat mir später bei Bosch sehr geholfen, um mit dem Bosch Centre of Artificial Intelligence KI-Modelle zu gestalten und mit meinem Team zu implementieren.

Der praktische Part meiner damaligen fachlichen Weiterentwicklung in Sachen KI-Kompetenz spielte sich mit den Teams in der Anwendung ab. Für den reflektierenden Part nutzte ich, um grundsätzlich bei KI up-to-date zu bleiben, den Austausch mit Experten aus meinem Netzwerk.

Dieser dreistufige Aufbau hat mich, im Sinne des MAKING THE PACE, deutlich weitergebracht.

Zeit für den Marathon

Lassen Sie mich noch einmal zusammenfassen: Das eigene Leadership bedarf der kontinuierlichen Weiterentwicklung. Ein Leader zeichnet sich dadurch aus, dass sie oder er den Vorwärtsdrang in fachlicher und persönlicher Hinsicht lebt, den er/sie ebenso von den Mitarbeitenden und Kollegen erwartet.

Sie oder er weiß aber auch, dass diese Weiterentwicklung ein Marathon ist: Daher nimmt er/sie sich die Zeit dafür und stellt mit Hilfe einer strukturierten Herangehensweise sicher, dass die Weiterentwicklung integraler Teil des eigenen Life-Long-Learnings ist.

Wie motivierend die Meisterhaftigkeit sein kann, die dadurch erreichbar wird, beschreibt bereits Daniel H. Pink in seinem Buch »Drive«.

PRINZIP 14

Kontinuierliche persönliche und fachliche Weiterbildung ist Key für Leader von heute und morgen.

Vor dem Hintergrund dieser Beispiele ist Ihnen vermutlich eine weitere entscheidende Charakteristik für die Exzellenz eines Leaders deutlich geworden: Neugier.

Ein Leader hat damit kein Problem, sich selbst infrage zu stellen und im Sinne ihrer oder seiner stetigen Weiterentwicklung gegebenenfalls neue und andere Gewohnheiten zu entwickeln. Das gilt auch dafür, wie er/sie Erfolg denkt und misst. Damit komme ich zum 15. und finalen Prinzip von MAKING THE PACE.

PRINZIP 15: MIT ERFOLG

Sehr viel hat sich in den letzten Jahren in der Welt der Wirtschaft verändert, und es ist abzusehen, dass sich in rapider Geschwindigkeit noch mehr verändern wird. Eines allerdings bleibt gleich: Unternehmen wollen und müssen Umsatz und Gewinn machen. Sie wollen und müssen für ihre Enkelfähigkeit erfolgreich performen.

Mir ist früher in der Praxis oft begegnet, dass dieser Erfolg vorrangig an den beiden KPIs Umsatz und Profit festgemacht wurde. Diese braucht es weiterhin, ausreichend sind sie jedoch nicht. Aus meiner Sicht ist eine komplexitätskonforme und gleichzeitig fokussierte Messung von Erfolgen heute essenziell für jedes Unternehmen. Daher steht dieses Prinzip nun zurecht als fulminanter Schlusspunkt am Ende der Liste der 15 Prinzipien. Lassen Sie mich erläutern, wie ich zu dieser Überzeugung komme.

Output ohne Input?

Umsatz und Profit sind reine Output-Faktoren. Solange ein Markt vom Push-Verkauf geprägt ist, mag sich der Erfolg eines Unternehmens durchaus daran messen lassen: Schließlich gibt es unter diesen Bedingungen eine relativ unmittelbare und kausale Beziehung zwischen den Aktivitäten des Unternehmens und dem Umsatz, klassisch dem Reinverkauf.

Doch die Marktrealität hat sich verändert: Heute dominiert der Pull-Verkauf. Dabei greifen viele verschiedene Aktivitäten aus Marketing, Vertrieb, Logistik, Advertising etc. ineinander. Diesen liegen deutlich komplexere Kausalitäts- und Korrelationsmodelle zugrunde, so dass Sie aus der Messung von nur ein oder zwei Output-Faktoren keine Rückschlüsse ziehen können, welche Aktivität zum Erfolg oder Misserfolg in welchem Ausmaß beigetragen hat.

Mit der Konzentration auf Output-Faktoren lässt ein Unternehmen zwei entscheidende Möglichkeiten ungenutzt, die eigenen PS auf die Straße und in MAKING THE PACE umzusetzen:

- Anhand der Erkenntnisse Strategie, Struktur und operative Maßnahmen feinjustieren – dieser Punkt ist Ihnen in Prinzip 2 »Nachhaltig gestaltet« bereits begegnet.
- Die Incentivierung für die Mitarbeitenden so gestalten, dass sie auf Prinzip 8 Empowern und Prinzip 9 Entfesseln einzahlt.

Ich bin davon überzeugt, dass sich das kein Unternehmen mehr leisten kann und sollte. Muss es auch nicht, denn es gibt eine Alternative.

Vom Duo zum System

Wenn der Output alleine nicht mehr aussagekräftig ist, müssen Sie zusätzlich Input-Faktoren messen. Das führt dazu, dass Sie eine höhere Anzahl von Kriterien in Ihrem Kennzahlensystem abbilden – idealerweise in der Wirkweise zueinander. Dadurch wird das System in seinen Kausalitäten und Korrelationen besser verstanden, gleichzeitig kann jeder und jede Einzelne den eigenen Beitrag zum Gesamterfolg nachvollziehbar messen.

Das erste Mal begegnet ist mir dieses deutlich differenziertere Betrachtungsmodell des Erfolgs während meiner Zeit bei Amazon. Seither nutze ich es und habe es für mich weiterentwickelt.

Wie das implementiert aussehen kann? In einer Absatzkanalverantwortung zum Beispiel so: Das Team differenziert sowohl die Messfaktoren für den Output deutlich, sodass das Ergebnis auch von Substrategien exakt gemessen werden kann. Darüber hinaus integriert es die Input-Faktoren, die entlang der Wertschöpfungskette auf das Ergebnis positiv oder negativ einzahlen und somit im Fokus bleiben sollten. So arbeitet es zum Beispiel heraus, welchen Einfluss KPIs wie Kampagnenreichweiten, Conversion-Rates oder New-To-Brand-Prozentanteile bei Marketingaktivitäten oder Out-of-stock-Raten, Lieferzeiten und -fenster auf den Gesamtumsatz und -gewinn oder den von Substrategien haben.

So entsteht ein Modell der KPIs der unterschiedlichen Funktionen und Aufgaben entlang der Wertschöpfungskette inklusive des Wissens oder einer These, wie jedes einzelne Kriterium auf den Gesamtumsatz wirkt. So kamen in dem skizzierten Fall rund 60 Kennziffern zusammen. Die Zahl kann jedoch von Team zu Team variieren, größer oder kleiner sein.

Mit diesen KPIs startet das Team, um a) die eigene Performance zu messen und b) anhand der Erkenntnisse das Modell im Laufe der Zeit nachzuschärfen.

Das Nachschärfen ist prozessimmanent, denn dieses KPI-System ist von der Idee her als ein lebendiges System angelegt: Erstens werden Sie erst beobachten müssen, wie gewisse Faktoren wirklich aufeinander wirken. Zum anderen haben Sie in der Regel zu Beginn nicht jederzeit alle Daten von allen Touchpoints zur Verfügung. Teilweise werden neue Messungen hinzukommen, die eventuell einen sinnvollen, zusätzlichen KPI im Kennzahlensystem ermöglichen. Darüber hinaus gilt für dieses System dasselbe wie für die Struktur: In dem Turnus, in dem Sie Ihre Strategie und Struktur updaten, entwickeln Sie auch Ihr Kennzahlensystem weiter.

Für beide Updates liefert die granulare Erfolgsmessung eine wertvolle Basis: Sie können anhand der Ergebnisse ungleich schneller identifizieren, an welcher Stelle Sie noch Potenzial haben, an welcher Stelle Sie hinterherhinken und wo Sie nachsteuern sollten.

Und wie oben bereits angedeutet, ermöglicht dieses differenzierte KPI-System eine ausgewogene und zielorientierte Incentivierung jedes einzelnen Beteiligten plus des Gesamtsystems.

You measure what you treasure – und umgekehrt

Bonussysteme an sich stehen immer wieder im Kreuzfeuer der Kritik. Nach meiner Überzeugung und Beobachtung führen Incentivierungen, wenn sie nachvollziehbar gestaltet sind, zu höherem Engagement und höherer Loyalität. Und warum Mitarbeitende nicht am Gesamterfolg eines Unternehmens, für den sie ja verantwortlich sind, partizipieren sollten, erschließt sich mir nicht. Daher sind Incentivierungen aus meiner Sicht vor allem mit Vorteilen versehen. Das gilt insbesondere im Rahmen einer Strategie, Struktur und Führung, die den Prinzipien dieses Buches folgt: Danach kennt jede einzelne Person der Wert ihres Beitrags und agiert im Unternehmen wie ein eigener Unternehmer.

Wichtig ist aus meiner Sicht, den Bonus sowohl an das Gesamtunternehmensergebnis als auch an den individuellen Beitrag zu koppeln. Ich empfehle, die Hälfte oder vielleicht sogar einen größeren Teil auf das Unternehmensergebnis zu legen.

Diese Aufteilung mag Sie erstaunen angesichts der Bemühung, den individuellen Beitrag so genau wie möglich zu erfassen. Ich gebe diese Empfehlung jedoch aus gutem Grund: Sie haben mit dem Unternehmen ein großes System, in dem alles ineinander greift – und dieses Ineinandergreifen wollen Sie weiterentwickeln. Vielleicht kennen Sie den Spruch: »You measure what you treasure« – Sie messen das, worauf Sie Ihren Fokus legen wollen. Entsprechend sollte der Gesamterfolg für alle ein präsentes Ergebnis sein.

Umgekehrt gilt das übrigens genauso: »You treasure what you measure« – Sie lenken zudem durch die Messung spezifischer Kriterien Ihre und die Aufmerksamkeit und Wertschätzung aller Beteiligten auf die Parameter, die Ihnen wichtig sind.

Die größere Gewichtung des Gesamtergebnisses fördert darüber hinaus die Konnektivität zwischen den einzelnen Speedbooten sowie den Unternehmens-Teamgeist. Sie gibt einen Anreiz, die eigenen Erkenntnisse zu teilen und somit das Gesamtsystem positiv zu entwickeln.

Um Ihnen ein Beispiel zu geben: Das eben schon exemplarisch angeführte Team mit der Absatzkanalverantwortung teilte seine Erfahrungen zu Media-Maßnahmen wie dem Influencer Marketing aktiv mit den anderen Vertriebskanal-Speedbooten – wie sich solche Maßnahmen aufziehen lassen, wie man die richtigen Influencer identifiziert, wie diese Touchpoint-übergreifend aufgebaut werden können, so dass die Maßnahmen einen entsprechenden Mehrwert bringen. Die Teammitglieder gaben ihr Wissen zu Erfolgsfaktoren und Fallstricken weiter, damit die anderen Speedboote diese mit Geschwindigkeit und Skalierung auf ihren Bereich übertragen und Wettbewerbsvorteile erzielen konnten. Pate für diesen Teamspirit steht das Motto, das ich bei Unilever verinnerlicht habe: »Steal with pride!«

Das bedeutet jedoch nicht, dass die Transparenz und Incentivierung des individuellen Beitrags von minderer Bedeutung ist: Auf diese Weise wird das Ergebnis jedes Speedboots und eines jeden Einzelnen gewertschätzt, selbst wenn die Gesamtleistung aufgrund vielleicht widriger Marktbedingungen nicht ganz so gut performt.

Ein Punkt ist mir noch im Zusammenhang mit diesem KPI-System zu erwähnen ...

Einfach und wertvoller

Dieses System mag auf den ersten Blick erschlagend wirken. Wenn ich dieses Modell das erste Mal erwähne, sind üblicherweise höchstens 10 Prozent der Anwesenden direkt begeistert, während 90 Prozent zunächst unschlüssig sind. Erst nach entsprechender Erklärung tritt etwas Beruhigung ein.

Tatsächlich ist dieses KPI-System normalerweise nicht komplexer, da es nicht die zwei KPIs Umsatz und Profit gegen die oben erwähnten 60 andere tauscht. Die beiden Kennziffern werden durch EIN einziges KPI-System ersetzt, das darüber hinaus die Beziehung zueinander sichtbar macht. Ist es erst einmal aufgesetzt und automatisiert, bringt es Ihnen eine Fülle an wertvollen Informationen, die Ihnen die beiden anderen Werte allein nie liefern könnten.

Mit Hilfe dieses Systems können Sie die Hypothesen, mit denen Sie arbeiten, klar verifizieren oder falsifizieren statt – wie früher – mit Vermutungen zu arbeiten, wenn zum Beispiel der Umsatz nicht gelaufen ist. In der Vergangenheit war dann oft das Mittel der Wahl, blind auf mehr Promotion zu setzen, um den Umsatz zu treiben. Heute können Sie feststellen, ob die bestehende Promotion vielleicht schlicht falsch ausgesteuert war, wenn sich zeigt, dass Sie damit stets nur bestehende Kunden erreicht und null Prozent »New To Brand«-Raten hatten, obwohl letzteres Ihr Ziel war. Sprich: Sie können Ihren Arbeitseinsatz gezielt in solchen Aktivitäten kanalisieren, die wirklich einen Mehrwert bringen. Und diesen Fokus braucht es, um sich in der heutigen Komplexität nicht zu verirren.

Üblicherweise findet die Idee übrigens nach initialer Einführung schnell Verbreitung, zumindest bei solchen Teams, wo die entsprechenden Daten schon verfügbar sind. Und dort bewährt sie sich …

PRINZIP 15

Ein durchdachtes KPI-System aus Output- und Input-Faktoren ermöglicht systemische Aktivitätensteuerung und wirkungsvolle Incentivierung des Vorwärtsdrangs.

Damit haben Sie nun alle 15 Prinzipien aus den 3 Bereichen der Unternehmensführung in einer komplexen Welt kennengelernt. Mit ihrer Hilfe kann es Ihnen gelingen, die Geschwindigkeit neu zu setzen, die Richtung vorzugeben und zu halten sowie aus Solo-Musikern ein fulminantes Orchester zu formen – MAKING THE PACE eben.

Wenn ich diese Prinzipien vorstelle, begegnen mir allerdings oft drei typische Einwände. Welche das sind und was ich denen entgegensetze, lesen Sie in den nächsten Kapiteln.

DIE 5 PRINZIPIEN VON SETTING THE PACE AUF EINEN BLICK

- **Prinzip 11:** Leadership braucht ein Triple-K: Kühnheit im Sein, Kühnheit in der Kommunikation und Kühnheit im Handeln.
- **Prinzip 12:** Leadership erfordert Integrität. Integrität erfordert Werteklarheit, Rückgrat und Bereitschaft zum Nach-Denken und Vor-Denken.
- **Prinzip 13:** Ein Leader zeichnet sich durch T-Klasse aus: Das Kompetenzprofil weist vertikal eine tiefe fachliche Expertise und horizontal ein ganzheitliches Verständnis für das System auf.
- **Prinzip 14:** Kontinuierliche persönliche und fachliche Weiterbildung ist Key für Leader von heute und morgen.
- **Prinzip 15:** Ein durchdachtes KPI-System aus Output- und Input-Faktoren zur Erfolgsmessung ermöglicht systemische Aktivitätensteuerung und wirkungsvolle Incentivierung des Vorwärtsdrangs.

STOP!

Der Konferenzraum war bis auf den letzten Platz besetzt: Unterschiedlichste Vertreter aus Wirtschaft und Wissenschaft waren zu diesem illustren Unternehmerforum zusammengekommen, um sich die diversen Keynotes anzuhören.

Ich hatte gerade auf der Bühne die Fragerunde zu meinem Vortrag »MAKING THE PACE« beendet und schritt die Treppe herunter. Aus dem Publikum strebten drei Personen auf mich zu. Ich konnte an ihren Gesichtern ablesen, dass sie noch vertiefende Fragen hatten. Ich freute mich, denn ich bin stets neugierig und sehr interessiert an den Perspektiven und Erfahrungen anderer zu meinen Leidenschaftsthemen.

Und so wandte ich mich dem ersten Teilnehmer zu, einem sportlich wirkenden Mann um die 40, gekleidet in Business Casual. Er stellte sich als Frank vor, verantwortlich für den globalen Vertrieb eines großen Baumaschinenherstellers.

Er sagte: »Das war ein spannender Impuls, Fiona, vielen Dank! Aber meine Branche tickt anders. Da spielt sich alles im noch weitaus traditionelleren B2B-Bereich ab, und ich kann mir nicht vorstellen, dass das, was du dort beschreibst, bei uns überhaupt funktionieren kann.«

Bei meiner zweiten Gesprächspartnerin vermutete ich einen japanischen Hintergrund. Und richtig: Misaki-san war die groß gewachsene Geschäftsführerin eines Fashion-Unternehmens, das von Japan aus agiert.

Sie verbeugte sich andeutungsweise mit einem Lächeln, bevor sie mir ihr Feedback gab: »Fiona-san, this was very very interesting and you gave me a lot of insights. I can easily imagine that in the environments you operated in up to now your principles are working very well. And I am sure a lot of businesses will be very successful by using them.«

Da ich wusste, dass es in der japanischen Kultur entscheidend ist, darauf zu achten, was nicht gesagt wird, erwiderte ich die leichte Verbeugung und fragte nach: »And how would you assess the usefulness of these principles for your own business in the Japanese market?«

Sie lächelte noch freundlicher, als sie antwortete: »Oh, you see, we have a culture, which is completely different to yours. So I am afraid your system might be not quite successful.«

Sprich: Sie hielt die Prinzipien aus kulturellen Gründen bei sich für nicht wirkungsvoll umsetzbar.

Der Dritte, der mich ansprach, war Julius, ein etwas älterer Mann im korrekten Anzug, nur auf die Krawatte hatte er verzichtet. Er war Geschäftsführer eines mittelständischen Produktionsbetriebs im Lebensmittelsektor aus Baden-Württemberg.

In seinem gepflegten Schwäbisch äußerte er: »Also, ich konnte Ihren Ausführungen schon einiges Positives abgewinnen. Vielleicht kann ich tatsächlich ein oder zwei Ihrer Prinzipien mal ausprobieren. Aber dieses Gesamtsystem?«

Er schüttelte bedauernd den Kopf: »Wissen Sie, junge Frau, dafür haben wir im Mittelstand weder die richtigen Leute noch das nötige Geld!«

TEIL III

SCALING THE PACE

Warum die Prinzipien universell übertragbar sind

Solche Einwände, wie sie mir gegenüber in der eben beschriebenen Szene von Frank, Misaki-san und Julius geäußert wurden, begegnen mir regelmäßig: Die 15 Prinzipien des MAKING THE PACE seien nichts für das eigene Unternehmen, entweder weil sie für die eigene Branche nicht relevant oder aber aus kulturellen oder strukturellen Gründen nicht umsetzbar seien.

Ich kann diese Zweifel gut nachvollziehen, denn auf den ersten Blick scheint es oft schwierig vorstellbar bis unmöglich, wie die Prinzipien in der eigenen Situation zum Erfolg verhelfen können. Doch dieser Eindruck täuscht.

Die 15 Prinzipien sind sowohl universell relevant, da die Umwälzungen im globalen Umfeld stattfinden und die dahinter liegenden Trends allgemeingültig sind, als auch universell anwendbar, da ihre Adaption ihre Wirksamkeit im spezifischen Kontext erschließt und ihre Potenzialentfaltung sicherstellt.

In diesem Part des Buches werde ich mich mit jedem der Einwände einzeln auseinandersetzen. Einen nach dem anderen werde ich entkräften und dabei skizzieren, wie eine erfolgreiche Adaption aussehen kann. Wenn Sie möchten, sind Sie herzlich eingeladen, diese Inhalte als Argumentationshilfe zu nutzen, wenn Sie die Prinzipien selbst in angepasster Form bei Ihnen im Unternehmen nutzen möchten und mit diesen typischen Einwänden konfrontiert werden. Schließlich besteht Ihre Aufgabe als Leader zu einem erheblichen Teil aus Kommunikation. Also darin, ein Verständnis für nötige Veränderungen zu schaffen und Ihre Ideen dazu mit Verstand, Integrität, Kühnheit zu vertreten.

Kapitel 7

ALLE BRANCHEN

Meine These ist, dass die 15 Prinzipien sich auf alle Branchen übertragen lassen – und wenn ich »Branchen« sage, schließt das dezidiert B2B und B2C mit ein.

Unterschied: Geschäftsmodell, gleich: Rahmenbedingungen

Schauen Sie sich dafür zunächst einmal Geschäftsmodelle verschiedenster Branchen auf der Abstraktionsebene an: Natürlich gibt es Unterschiede. Sie haben aber vor allem auch einige relevante Gemeinsamkeiten. So sind Unternehmen aller Branchen, die den Zweck haben, ihre Produkte oder Services zu verkaufen, mit denselben Herausforderungen konfrontiert:

- den gesellschaftlichen Megatrends Individualisierung und Konnektivität,
- den dadurch steigenden Kunden- und Konsumentenbedürfnissen,
- der resultierenden steigenden Anzahl an Absatzkanälen, die von Kunden und Konsumenten genutzt werden, und damit einhergehend steigender Komplexität entlang der gesamten Wertschöpfungskette.

Darüber hinaus haben alle Unternehmen in ihrem Organisationsdesign grundsätzliche Gemeinsamkeiten:

- Alle haben in gewisser Art und Weise eine Aufbau- und eine Ablauforganisation.
- Bei allen müssen, um erfolgreich zu sein, Schnittstellen abgestimmt sein und ineinandergreifen.

- Um dieses Ineinandergreifen zu steuern, braucht es – Sie ahnen es – Menschen.

Auf Basis dieses gemeinsamen Kontexts und den übergreifenden Unternehmensmerkmalen ergeben sich übereinstimmende Andockpunkte. Genau an diesen setzen die 15 Prinzipien von MAKING THE PACE an.

Den Unterschieden in vollem Maße gerecht werden die Prinzipien in ihrer Adaption. Daher deckt sich eine erfolgreiche Anpassung der 3 x 5 Prinzipien in dem einen Unternehmen nie zu hundert Prozent mit der in einem anderen, selbst wenn sie in derselben Branche agieren. Die Anwendungen werden daher auch für kein Unternehmen exakt so aussehen können, wie sie in den Beispielen in diesem Buch beschrieben sind. Denn ausgehend von den übereinstimmenden Andockpunkten ist eine Adaption auf die eigene Situation immer nötig – und möglich.

Diese Individualisierung ist Voraussetzung für ein erfolgreiches MAKING THE PACE und Ihren BETTER BIG SYSTEM CHANGE.

Aus dieser Universalität erklärt sich darüber hinaus, warum ich die 15 Prinzipien nicht nur für Unternehmen aller Branchen für anwendbar halte, sondern selbst für die meisten anderen Organisationen im privaten oder öffentlichen Sektor. Die genannten Rahmenbedingungen und Grundpfeiler des Organisationsdesign gelten sogar für Behörden und Institutionen, die mit Bürgern in direktem Kontakt stehen. Bei diesen wäre aus meiner Sicht ein MAKING THE PACE besonders wünschenswert, damit sie das gesellschaftliche und wirtschaftliche Schwungrad ihres Landes mit der Schaffung adäquater Rahmenbedingung befeuern statt zu bremsen.

Doch zurück zu den klassischen Wirtschaftsunternehmen: Lassen Sie mich mit vier Beispielen meine These untermauern. Starten möchte ich mit dem Bereich, der als der komplexere gilt und von dem nicht nur Frank, den ich im Nachgang zu meinem Vortrag traf, annimmt, dass alles ganz grundverschieden ist: dem B2B-Bereich.

Beispiel 1: Digitalpionier in der Logistik

Bereich: B2B | **Branche:** Intralogistik/Maschinenbau | **Unternehmen:** Jungheinrich

Jungheinrich ist eine Hamburger Traditionsfirma, die zu den bekanntesten Herstellern von Flurförderzeugen gehört und darüber hinaus Systemanbieter für Intralogistiklösungen ist. Ich bin über einen spannenden Best-Practice-Case auf das Unternehmen gestoßen.

Die Firmenhistorie geht bis in das deutsche Kaiserreich zurück. Gegründet 1908, widmet sich Jungheinrich seit 1953 dem aktuellen Unternehmenszweck und wurde zu einem Weltkonzern geformt.

Das Geschäftsmodell war, wie Sie sich vorstellen können, für viele Jahrzehnte sehr offline geprägt mit den einschlägigen Vertriebsstrukturen, die Produkte wurden direkt an interessierte Unternehmen vertrieben.

Nun haben sich aber in diesem Geschäftsfeld die veränderten Kundenbedürfnisse sehr schnell durchgesetzt: Das Thema Logistik schrie vor dem Hintergrund der stets globaler werdenden Lieferketten schon sehr früh nach mehr Transparenz in Sachen Datendschungel der Logistikwege. Befeuert wurde dieser Druck durch Kundeninteressen und Vorgaben, wie zum Beispiel Lieferwege zurückverfolgen zu können an den ursprünglichen Ort.

Jungheinrich hat sehr früh diese veränderten Bedürfnisse erkannt und sich mit dem Thema auseinandergesetzt. Der Intralogistikarm des Unternehmens hat früh sehr stark digitalisiert und es geschafft, eine Nachverfolgbarkeit anzubieten mit entsprechender Software für Lagerverwaltung und Warensteuerung, die zusätzlichen Mehrwert für die Kunden bot.

Neben diesem Serviceansatz begann sich Jungheinrich bereits vor einigen Jahren mit dem Thema zu befassen, welche Lösung sie den Veränderungen der Kundenbedürfnisse in den Vertriebs- und Handelspräferenzen entgegensetzen können. Das Unternehmen verfolgt hier einen Digital-Sales-Center-Ansatz, um seine Produkte, die Flurförderzeuge, verkaufbar zu machen. Zusätzlich hat es auf der Basis einer – von außen betrachtet vorbildlichen – 360-Grad-Strategie darauf hingearbeitet, dass in seinem Shop nicht nur Produkte aus dem aktuellen Sortiment verkauft werden: Die Kunden finden dort darüber hinaus Gebrauchtgeräte – »refurbished goods« – und ergänzende potenziell relevante Produkte von anderen Marken im Sinne eines Marktplatzes, sowie Services und den Kontakt zu Produktberatern, was im B2B eine besondere Relevanz innehat. Dieses Geschäftsmodell wurde in Ergänzung zu den anderen, weiterhin bestehenden Vertriebskanälen aufgebaut und wird, wenn ich mir die übrigen veröffentlichten Best-Practice-Cases so ansehe, stetig weiterentwickelt.

Am Verlauf des Börsenwerts von Jungheinrich und dem Forecast können Sie ablesen, dass diese Strategie aufgeht. Ich bin noch keine Aktionärin bei Jungheinrich, aber nach dieser Analyse werde ich es vielleicht bald …

Bevor ich zum nächsten Beispiel gehe, lassen Sie mich noch kurz die Verbindungslinie zu den hier angewandten Prinzipien ziehen. Ich greife diejenigen Prinzipien heraus, die im Fall von Jungheinrich besonders sichtbar werden – soweit ich aus dem Auftreten der Firma und aus den Veröffentlichungen über sie herauslesen kann. Meine Auswahl bedeutet nicht, dass die übrigen nicht ebenso Anwendung gefunden haben. Diese liegen nur nicht so offen zu Tage:

- Die umfassend angelegte Strategie vereint alle Produkte, Services, Kundenkontakte unter einem Dach – Strategie/Prinzip 1 »Umfassend angelegt«.
- Die Strategie ist nachhaltig im ursprünglichen Wortsinne gestaltet – Strategie/Prinzip 2 »Nachhaltig gestaltet«.
- Sie ist verbunden mit einer Orchestrierung über die verschiedensten existenten und neuen Touchpoints hinweg – Strategie/Prinzip 4 »Wohl orchestriert«.
- Das Vorgehen weist auf den Mut und die Entschlossenheit hin, die ein »First Mover« in einer Branche, insbesondere im B2B-Bereich, braucht – Führung/Prinzip 11 »Mit Kühnheit«.
- Das Unternehmen bleibt den eigenen Werten treu – Führung/Prinzip 12 »Mit Integrität«.

Beispiel 2: Klein kann groß

Bereich: B2B | **Branche:** Bauindustrie/Schleifmittel | **Unternehmen:** Tyrolit

Über Jungheinrich hinaus gibt es weitere Fälle einer positiven Entwicklung bei B2B-Unternehmen. Einige davon haben sich vor nicht allzu langer Zeit auf die Reise gemacht, haben einen Teil der Prinzipien bereits nachhaltig implementiert, bei anderen stecken sie noch in der Umsetzung.

Auf folgendes Beispiel bin ich erst vor Kurzem im Rahmen einer Veranstaltung zum B2B-eCommerce aufmerksam geworden. Es demonstriert sehr schön, wie unterschiedlich die spezifische Adaption der 15 Prinzipien ausfallen kann: Es handelt sich um Tyrolit, einem – im Vergleich zu Jungheinrich – kleinen Unternehmen aus Südtirol.

Gegründet wurde es 1919 von Daniel Swarovski. Wenn Ihnen bei der Nennung dieses Namens das Stichwort »Kristallglas« einfällt, dann liegen Sie richtig: Er hatte einige Jahre zuvor das heute noch bekannte Kristallglas- und Schmuckunternehmen gleichen Namens gegründet. Das war kein Zufall, denn Tyrolit war und ist auf Schleifmittel spezialisiert, die auch für den Kristall- und Edelsteinschliff gebraucht werden.

Heute ist Tyrolit einer der führenden Hersteller in diesem Sektor sowie Systemanbieter von Werkzeugen und Maschinen für die Bauindustrie. Was die Firma auszeichnet ist, dass sie sich – obwohl in der Unternehmensgröße überschaubar – an das Thema neue Vertriebs- und Marketingkanäle augenscheinlich sehr strategisch heranwagt. Sie gibt sich außerordentlich sichtbar im Digital Marketing und mit der Erschließung neuer Touchpoints. Wie in vielen kleineren Unternehmen können nicht alle nötigen Schritte inhouse erledigt werden, weshalb sie stattdessen mit Agenturen zusammenarbeiten – das kann ebenfalls gut funktionieren.

Die Prinzipien, die in der Anwendung bei Tyrolit für mich besonders evident werden, sind:

- Das Unternehmen handelt generalistisch und agiert vom Vertrieb und Marketing aus cross-funktional – Strategie/Prinzip 3 »Generalistisch handelnd«.
- Die Aktivitäten sind wohl orchestriert, um Kunden an allen Touchpoints zu erreichen – Strategie/Prinzip 4 »Wohl orchestriert«.
- Es scheint Exkursionsboote zu geben, die sich kontinuierlich auf die Spur nach neuen Trends machen – Struktur/Prinzip 10 »Dynamisieren«.

Das war nun B2B. Für den B2C-Bereich habe ich ebenfalls zwei Beispiele herausgesucht, die zeigen, dass die Prinzipien für ganz unterschiedliche Branchen adaptiert werden können. Für das erste wechseln Sie bitte mit mir auf die Handelsseite.

Beispiel 3: Omni-erfolgreich

Bereich: B2C | **Branche:** Handel | **Unternehmen:** Breuninger

Aus den verschiedenen Leuchtturmbeispielen aus dem B2C-Bereich greife ich das Handelsunternehmen Breuninger heraus – vielleicht liegt es mir deshalb so nah, weil ich mehrere Jahre in Stuttgart gewohnt habe, wo dieses Unternehmen 1811 gegründet wurde.

Wie die bereits genannten Firmen blickt also auch Breuninger auf eine lange Unternehmensgeschichte zurück. Doch der ehemalige Stationärhändler hat sich inzwischen zu einem Omnichannel-Handelsunternehmen im Bereich Fashion und angrenzenden Kategorien transformiert. Diese Transformation betreibt das Unternehmen nach wie vor aus meiner Sicht exzellent und expansiv. Sein Angebot besteht vor allem aus verschiedensten hochwertigen Marken, aber auch aus Dienstleistungen wie Private-Shopping oder exklusiven Events.

Was mich bei Breuninger besonders beeindruckt, ist, dass sie bereits 2008 mit dem Online-Business starteten. Das ist zwar deutlich später als Amazon (1994), aber für europäische Verhältnisse ausgesprochen bemerkenswert –

selbst Zalando war nicht früher dran (2008). Ebenfalls bemerkenswert: Das Unternehmen verfügte zu dieser Zeit über performante stationäre Häuser.

Dennoch legte Breuninger eben früh Wert darauf, die unterschiedlichen Kanäle in einem Omnichannel-Ansatz miteinander zu verbinden und kommunizieren zu lassen. Als Kunde konnten Sie daher von Anfang an beispielsweise online bestellen, sich die Ware nach Hause liefern lassen, die Retoure im Laden abgeben oder im Nachgang zu exklusiven Veranstaltungen vor Ort Online-Käufe tätigen.

Wie erfolgreich dieser Ansatz war und ist, lässt sich daran ablesen, dass bereits nach einigen Jahren der Umsatz des Online-Geschäfts 50 Prozent des Gesamtumsatzes ausmachte, was beachtlich ist. Gleichzeitig wurden die stationären Geschäfte offensichtlich nicht weniger frequentiert.

Breuninger ist aus meiner Sicht ein schönes Beispiel dafür, dass ein Unternehmen die Transformation als einen stetigen Prozess lebt: Das stationäre wie das Online-Geschäft werden ständig weiterentwickelt. So wurde 2022 ein neu designter Online-Shop gelauncht, der noch deutlich stärker auf die Konsumentenbedürfnisse wie den Wunsch nach Personalisierung eingehen kann.

Der Erfolg gibt dem Unternehmen recht: Es legte 2022 um 20 Prozent beim Umsatz zu, wobei alle Kanäle zu diesem Wachstum beitrugen. Wo andere traditionsreiche Handelsunternehmen im Fashion-Bereich seit Jahren straucheln oder aufgeben müssen, kann Breuninger auf Einkaufstour gehen und sich strategisch gezielt vergrößern.

Die Prinzipien, die ich an diesem Beispiel vor allem ablese, sind:

- Die Strategie ist umfassend und vernetzt die Aspekte aus verschiedenen Kanälen miteinander – Strategie/Prinzip 1 »Umfassend angelegt«.
- Sie hat über das letzte Jahrzehnt eine nachhaltige, kontinuierliche Ausgestaltung erfahren – Strategie/Prinzip 2 »Nachhaltig gestaltet«.
- Die Strategie erscheint stringent orchestriert – Strategie/Prinzip 4 »Wohl orchestriert«.
- Sie gibt für die nötige Skalierbarkeit neben der menschlichen der künstlichen Intelligenz Raum – Strategie/Prinzip 5 »KI-gestützt«.
- Aus verschiedenen Anzeichen schließe ich, dass das Unternehmen seine Struktur entsprechend mitentwickelt hat – Struktur/Prinzipien 6 bis 10.
- Breuninger hat definitiv mit Kühnheit agiert – Führung/Prinzip 11 »Mit Kühnheit«.

Abschließend möchte ich in aller Kürze ein ebenfalls traditionsreiches Unternehmen herausgreifen, das MAKING THE PACE spürbar und sichtbar vorlebt.

Beispiel 4: Freude am Fortschritt

Bereich: B2C | **Branche:** Automobilindustrie | **Unternehmen:** BMW

Die Bayerischen Motorenwerke, besser bekannt als BMW, wurden 1916 als Flugzeugmotorenunternehmen gegründet und verlegten sich in den 1950ern auf die Automobilherstellung.

BMW hat sein Touchpoint-Management in den letzten Jahren, für mich als interessierter Beobachter der Marke unübersehbar deutlich holistischer aufgestellt. Es trägt heute den unterschiedlichen Bedürfnissen nach Individualität und Konnektivität sehr stark Rechnung, sowohl auf der Produkt- als auch der Marketingseite. Wenn Sie sich zum Beispiel an den Januar 2023 erinnern: CEO Oliver Zipse zeigte bei der Consumer Electronics Show in Las Vegas ein Automodell, das seine Außenfarbe über 32 Farbtöne hinweg wechseln kann. Zudem ist BMW heute nicht mehr nur in den traditionellen Medien vertreten, sondern zum Beispiel im Metaverse und im Gaming, um breitgestreute Zielgruppen nach wie vor zu erreichen und frühzeitig einen Pull zu kreieren.

Alleine von diesen kurzen Ausführungen lassen sich mehrere Prinzipien ableiten:

- ein wohl orchestriertes Touchpoint-Management inkl. Community-Management – Strategie/Prinzip 4 »Wohl orchestriert«
- eine entsprechende Skalierung mit KI und Softwarelösungen – Strategie/Prinzip 5 »KI-gestützt«
- eine Dynamisierung mit Speedbooten und dem Einsatz von Exkursionsbooten für junge relevante Technologien – Struktur/Prinzip 10 »Dynamisieren«
- befähigende persönliche und fachliche Weiterbildung – Führung/Prinzip 14 »Mit Verstand«

Diese Unternehmensbelege aus den unterschiedlichsten Branchen zeigen, dass die Prinzipien überall Anwendung finden können. Wie? Indem die Prinzipien an den Gemeinsamkeiten und damit den Andockpunkten anknüpfen, die alle Unternehmen aufweisen. Die jeweilige Adaption, um die branchenuniquen Unterschiede zu überbrücken, kann dagegen sehr individuell ausfallen.

Doch wie ist das mit den unterschiedlichen Kulturen, in denen Unternehmen national, regional und global agieren?

KEY TAKE-OUTS

- Die 15 Prinzipien lassen sich in allen Branchen wertstiftend nutzen, unabhängig davon, ob sie B2B- oder B2C-fokussiert sind.

- Der Grund: Die Prinzipien docken dort an, wo alle Unternehmen auf der Metaebene Gemeinsamkeiten haben.

- Erster gemeinsamer Nenner: Für Unternehmen aller Branchen sind die herrschenden Megatrends, die gestiegenen Ansprüche von Kunden und Konsumenten sowie die steigende Zahl an genutzten Kanalmöglichkeiten gleichermaßen eine Herausforderung.

- Zweiter gemeinsamer Nenner: Alle Unternehmen haben eine Ablauf- und eine Aufbauorganisation und bedürfen passgenauer Schnittstellen, die von Menschen gesteuert wird.

- Zahlreiche Beispiele traditionsreicher Firmen belegen: Die unternehmensunique Transformation gelingt branchenübergreifend, wenn die Prinzipien von MAKING THE PACE in ihrem Dreiklang adaptiert und gelebt werden.

Kapitel 8

ALLE REGIONEN

Um zu verstehen, warum diese Prinzipien auf alle Kulturen übertragbar sind, lassen Sie uns erneut auf die abstrakte Ebene gehen: Wenn Sie sich erinnern an Kapitel 2, dann sind die Verursacher des stetigen Wandels weder die Technologie noch der Markt. Verursacher sind wir, die Konsumenten, wir die Kunden. Und zwar in allen Regionen, in allen Kulturen.

Wann und wie schnell die Megatrends in der Masse wirken und Veränderungen vonstattengehen, ist vom regionsspezifischen Kontext abhängig, doch sie passieren. Überall. Aus diesem Grund greifen auch die 15 Prinzipien überall, unabhängig von der Kultur, in der sie zur Anwendung gebracht werden.

Die kulturellen Rahmenbedingungen müssen selbstverständlich bei der Adaption Berücksichtigung finden. Das erfordert entsprechend Vorbereitung – Sie wissen ja bereits: »By failing to prepare, you are preparing to fail«!

Don't fail to prepare!

Unterstützen kann Sie dabei zum Beispiel das Klassiker-Modell von Gerard Hendrik Hofstede, nach dem es – in erweiterter Fassung – folgende sechs Dimensionen sind, die eine Kultur prägen:

- Umgang mit Individualität: kollektivistische vs. individualistische Kulturen
- Umgang mit Macht: Grad der Akzeptanz von Macht und Hierarchie
- Maskulinität oder Femininität: Tendenz zu Konkurrenz vs. Kooperation
- Umgang mit Unsicherheit: Risikofreude vs. Traditionsverhaftung

- Ausrichtung auf langfristigen oder kurzfristigen Zeithorizont
- Umgang mit Genussstreben: strenge gesellschaftliche Disziplinierung vs. freudvolles Genießen

Wie die Ausprägung für jedes Land aussieht, können Sie übrigens auf https://www.hofstede-insights.com/country-comparison-tool nachsehen.

Was mir wichtig ist zu sagen: Mit dieser Charakterisierung ist keine Wertung verbunden. Entscheidend ist, dass Sie sich in Ihrem Prozess des MAKING THE PACE der Unterschiede bewusst sind und den Weg zum Ziel daran anpassen, sprich diese Gegebenheiten bei der Anwendung der Prinzipien berücksichtigen

An drei Beispielen zeige ich Ihnen, welche Auswirkungen Ihr explizites Wissen um die kulturellen Besonderheiten auf die Adaption der 15 Prinzipien haben kann. Ich greife dafür jeweils nur einzelne Facetten heraus, um Ihnen zu verdeutlichen, was ich mit »Anpassung an die kulturellen Rahmenbedingungen« meine. In der Praxis berücksichtigen Sie natürlich jeweils das gesamte Spektrum.

Beginnen möchte ich mit dem Kulturraum, der Ihnen – da Sie die deutschsprachige Ausgabe meines Buches lesen – vermutlich recht nah ist.

Beispielregion 1: Deutschland

Notiz zur Kultur: Jeder will gehört werden.
Dimensionen: individualistische Kultur, Tendenz zur Vermeidung von Unsicherheit

In der deutschen Kultur hat unter anderem die Individualität im Vergleich zu vielen asiatischen Kulturen einen hohen Stellenwert. Das bringt – gepaart mit einer geringen Machtdistanz und hoher Dezentralisierung – den Wunsch einer partizipativen Führung mit sich. Daher sollten Sie besonderes Augenmerk darauf legen, Ihre 360-Grad-Strategie unter Einbeziehung der unterschiedlichen Perspektiven zu entwickeln. Bei der Umsetzung sollten Sie anschließend gut darauf achten, dass Ihre Speedboote sich nicht einfach so aufmachen und ohne Absprache ihrem Ziel entgegenstreben. Sie sollten im Gegenteil dafür sorgen, dass die Vernetzung jederzeit gegeben ist und entsprechend gewertschätzt wird. Das hat eine außerordentliche Relevanz, die Sie beispielsweise mit der richtigen Incentivierung unterstützen können – siehe Prinzip 15 »Mit Erfolg«.

Behalten Sie darüber hinaus im Hinterkopf, dass die Vermeidung von Unsicherheit bei den Deutschen ebenfalls ein kulturimmanentes Attribut starker Ausprägung ist. Die Bedeutung von Role Models, die während der

Veränderung systematisch Struktur und Sicherheit geben, ist entsprechend hoch zu bewerten – siehe Prinzip 11 »Mit Kühnheit«. Gleichzeitig ist es aufgrund des Mitbestimmungswunsches wichtig, dass diese Präsenz nicht als Kontrolle verstanden wird.

Als zweites Beispiel möchte ich die Arbeitswelt in den USA anführen.

Beispielregion 2: USA

Notiz zur Kultur: Jeder ist anders.

Dimensionen: individualistische Kultur, hohe Machtakzeptanz

Ich durfte in den letzten Jahren vermehrt in den USA arbeiten. Die Erfahrungen mit der nordamerikanischen Kultur haben mir besonders eindrücklich gezeigt, dass für die Vorbereitung neben der Analyse der Kulturattribute das kontextuale Wissen von außerordentlicher Relevanz ist.

Denn auf der einen Seite ist der Umgang mit Unsicherheit in der US-amerikanischen Kultur deutlich entspannter als zum Beispiel in der deutschen. Und doch werden Missstände im Arbeitsumfeld häufig nicht klar benannt und die Scheu von Mitarbeitenden erscheint groß, unangenehme Entscheidungen zu treffen und umzusetzen.

Diese Zurückhaltung wird vor allem bei der Pionierarbeit relevant und verdient deshalb besondere Beachtung.

Warum diese Scheu besteht, hat mir eine geschätzte Kollegin, die als Deutsche schon lange in den USA tätig ist, in einem höchstinteressanten Gespräch erklärt: Dies hat viel mit der konkreten Angst um den eigenen Arbeitsplatz zu tun. Denn Sie wissen vermutlich, dass das, was wir in Europa an Kündigungsschutz und Schutz von Arbeitnehmerrechten haben, in den USA kaum existiert. Arbeitsverträge gleichen mehr Willensbekundungen und können innerhalb von zwei Wochen aufgelöst werden: Die individuelle Freiheit beider Seiten steht über allem.

Auf der anderen Seite ist die Akzeptanz von Macht in den USA deutlicher ausgeprägt als in Deutschland. Das liegt auch daran, dass Individualität und damit die unterschiedliche Verteilung von Fähigkeiten bei Menschen extrem stark anerkannt ist. Trotz des eher informellen Umgangs zwischen Führungskräften und Mitarbeitenden keimt bei Letzteren schnell die Sorge, am kürzen Hebel zu sitzen: Wollen Sie unter diesen Rahmenbedingungen den beschriebenen BETTER BIG SYSTEM CHANGE erreichen, ist es deshalb wichtig, dass Sie vor allem die Prinzipien 11 bis 14 des Leaderships und das Prinzip 9 Empowerment sehr ausgeprägt leben. Darüber hinaus sollten Sie zur Wertschätzung individueller Leistungen – gemäß »You measure what you treasure« und »You treasure what you measure« – explizit die Leistungen Ihrer Mitarbeitenden verfolgen und anerkennen. Nachzulesen in Prinzip 15 »Mit Erfolg«. So können Sie in diesem Kulturraum den Wandel befeuern, den es braucht, um die neue Strategie, Struktur und Führung erfolgreich zum Leben zu erwecken.

Das letzte der drei Beispiele führt mich zu Misaki-san. Von der Begegnung mit ihr hatte ich Ihnen im Kapitel »Stopp!« berichtet – und von ihrer kategorischen Aussage, dass die 15 Prinzipien in ihrer Kultur nicht funktionieren könnten.

Beispielregion 3: Japan

Notiz zur Kultur: Keiner sagt Nein.
Dimensionen: kollektivistische Kultur, sehr starke Tendenz zur Vermeidung von Unsicherheit

Japan besitzt eine Kultur, die sich in einigen Aspekten von der deutschen Kultur stark unterscheidet – in diesem Punkt hat Misaki-san absolut recht. Die japanische Kultur hat weltweit eine der höchsten Ausprägungen der Dimension »Vermeidung von Unsicherheit«, gekoppelt mit einem Kollektivismus und einer außerordentlichen Langzeitorientierung. Daher ist das Thema des Gesichtsverlusts von erheblicher Relevanz: Der Einzelne definiert sich vorrangig über die Gruppe, das Nein-Sagen fällt entsprechend schwer. Dasselbe gilt für das Vorangehen eines Einzelnen, solange er oder sie noch nicht bereits ganz oben in der Hierarchie steht.

Das sorgt für eine Herausforderung, wenn die neue Struktur erfordert, dass jeder Einzelne für sich seinen Beitrag leistet und jeder Einzelne Entscheidungen trifft – denn die Entscheidung kann in den wenigsten Unternehmenskontexten immer »Ja« sein. Sie kann auch nicht im Sinne der Geschwindigkeit bei allen Themen über alle Ebenen besprochen und abgesichert werden.

Bei der Anwendung der Prinzipien sollten Sie also darauf achten, stets nah dran zu sein und hinzuhorchen. Während der Umsetzungsphase gilt es, Entscheidungen mitzutragen und auf noch so schwache Signale sowie auf das zu achten, was explizit nicht gesagt wird. Mag sein, dass Sie so einen längeren Atem brauchen, um die Prinzipien erfolgreich in die Umsetzung zu bringen, aber es geht. Sie sollten in Ihrer Kommunikation dabei immer wieder auf Ihre klare, auf Langzeit ausgerichtete Vision und Strategie verweisen, um diesem Bedürfnis ebenfalls Rechnung zu tragen.

Lassen Sie mich noch einmal zusammenfassen: Auf der einen Seite wird der Wandel weltweit von den Konsumenten und Kunden aller Kulturen angetrieben – deshalb vollzieht sich der Wandel in allen Regionen dieser

Welt gleichermaßen. Die 15 Prinzipien sind an den Merkmalen dieses kulturübergreifenden Wandels hin andockbar und daher überall umsetzbar. Auf der anderen Seite – und das zeigt sich an den Beispielen – erfordern die kulturellen Ausprägungen in der Adaption der Prinzipien entsprechende Kenntnisse und Fingerspitzengefühl. Werden sie berücksichtigt, kann der BETTER BIG SYSTEM CHANGE in allen Regionen gelingen.

Damit komme ich zum letzten der drei Einwände gegen die Anwendbarkeit der Prinzipien. Dieser begegnet mir eindeutig am häufigsten und lautet: »In unserer Firma geht das nicht!«

KEY TAKE-OUTS

- Die Konsumenten- und Kundenbedürfnisse treiben unter dem Einfluss globaler Megatrends den Wandel in allen Weltregionen gleichermaßen voran. Was je nach Kontext regionseigen ist, ist lediglich die Geschwindigkeit und das Ausgangsniveau, mit der sich die Veränderungen vollziehen.

- Die 15 Prinzipien von MAKING THE PACE sind auf den Wandel abgestimmt und damit anwendbar, wo immer er stattfindet – also überall.

- Bei der Adaption der Prinzipien sind die kulturellen Unterschiede und ihr Kontext von essenzieller Bedeutung.

- Führungskräfte sollten sich in der Vorbereitung eines BETTER BIG SYSTEM CHANGE unbedingt mit den jeweiligen kulturellen Rahmenbedingungen auseinandersetzen.

- Modelle wie das von Hofstede unterstützen das Verständnis für die kulturellen Facetten und sollten daher Berücksichtigung finden.

Kapitel 9

ALLE ORGANISATIONEN

Die größten Zweifel hinsichtlich der Anwendbarkeit der 15 Prinzipien im eigenen Unternehmen regen sich meiner Wahrnehmung nach angesichts der Überzeugung, dass die eigenen Mitarbeitenden zu wenig Veränderungsbereitschaft zeigen, und angesichts befürchteter Kosten. Oder wie es Julius im Kapitel »Stopp!« ausdrückte: »Dafür haben wir im Mittelstand weder die richtigen Leute noch das nötige Geld.«

Beide Punkte beruhen aus meiner Sicht jeweils auf einem Missverständnis. Lassen Sie uns zunächst auf das Thema Kosten schauen.

Zu teuer?

Ein Missverständnis in Sachen Kosten ist, dass die Anwendung der Prinzipien sehr teuer sei. So teuer, dass annahmsweise nur Konzerne, die über schier unerschöpfliche Budgets verfügen – was so auch nicht stimmt –, sich einen BETTER BIG SYSTEM CHANGE leisten könnten. Doch diese Annahme ist falsch.

Die Mehrzahl der Prinzipien ist ohne zusätzliche Kosten umsetzbar. Die Anwendung erfordert »nur« Energie und Zeitressourcen sowie vor allen Dingen die Kontinuität über mehrere Monate bzw. Jahre hinweg, diese Prinzipien in die Umsetzung zu bringen und stetig weiter zu justieren. Ein üppig gefülltes Portemonnaie dagegen ist dafür nicht zwingend erforderlich.

Allerdings können – je nachdem von welchem Punkt aus das Unternehmen startet – durchaus Investitionen nötig sein und daher entsprechende Diskussionen aufkommen. Ich denke jedoch, dass hier ein Umdenken notwendig ist. Diesen Punkt habe ich bereits in Kapitel 3 ausführlicher angesprochen: Ausgaben, die für die Ertestung und Skalierung neuer Vertriebs- und Marketingkanäle notwendig werden, müssen in diesen Zeiten des schnellen Wandels wie Capex-Investitionen gesehen werden. Absatzbereiche sind bereits zu elementaren Bestandteilen der Wertschöpfungskette geworden. Entsprechend haben Investitionen in diese Bereiche denselben Grundsätzen zu folgen, wie Investitionen zum Beispiel in die Produktion: Genau wie der Bau einer Fabrik muss bei Maßnahmen zur Evaluierung und ggf. Skalierung neuer Vertriebs- und Marketingkanäle mit einer Amortisationszeit gerechnet werden. Die Frage ist also nicht, ob die nötigen Maßnahmen »zu teuer« sind, sondern was die Investition in sie an Wert schafft und zu welchem Zeitpunkt sie einen Break-Even bringt.

Zu unbeweglich?

Das zweite Missverständnis ist, dass Mitarbeitende, die sich bisher Veränderungen gegenüber reserviert gezeigt haben, grundsätzlich zu keiner Veränderung bereit seien – weil sie so sind, wie sie sind.

In diesem Punkt bin ich der tiefen Überzeugung, dass das vielleicht eine Hürde, aber kein unüberwindbares Hindernis ist. Der Schlüssel zum Erfolg ist meiner Erfahrung nach die Kommunikation.

Ich kann durchaus nachvollziehen, dass Mitarbeitende, die nicht verstehen, warum die Veränderung notwendig ist und dass diese ein »Must have« und nicht ein »Nice to have« ist, es vorziehen, nicht aus ihrer Komfortzone bewegt zu werden. Ich bin nicht einmal sicher, ob mir das in jeglicher Situation anders gehen würde.

Daher würde ich jeder Führungskraft, die den Eindruck hat, sich an ihren Mitarbeitenden die Zähne auszubeißen, zunächst empfehlen, ihr eigenes Führungsverhalten zu hinterfragen:

- Habe ich alle relevanten Informationen geteilt – offen, transparent und gar solche, die negativ sind?
- Habe ich die Dringlichkeit ausreichend kommuniziert und meine Leute zu diesem Wandel befähigt?
- Kommuniziere ich auf Augenhöhe beziehungsweise interagiere ich in der jeweiligen Kultur angemessen und bewusst?

Ich bin ja sehr wohl Realistin: Selbst wenn Sie in Ihrem Unternehmen hart daran gearbeitet haben, all diese Fragen mit »Ja« zu beantworten, werden Sie es wahrscheinlich nicht schaffen, dass alle von einer neuen Strategie,

Struktur und Führungsweise begeistert sind und sich voller Elan hineinstürzen. Doch: Es gibt keine funktionierende Alternative.

Transformation ist für jede Organisation nötig, unabhängig davon, ob sie klein oder groß, von der Mitarbeitendenstruktur eher starr oder flexibel ist. Also müssen Sie die Transformation möglich machen!

Untermauern möchte ich diese Aussage mit der Erfahrung, die Philip Hitschler-Becker im Podcast »Chefgespräch« der WirtschaftsWoche am 2. Juni 2023 geteilt hat. Er führt in vierter Generation das Familien-Süßwarenunternehmen Hitschies und berichtete, dass die Mitarbeitenden über Jahre nicht über die tiefroten Zahlen informiert waren, die das Unternehmen schrieb. Das führte dazu, dass eine entspannte, wenig intrinsisch-transformative Stimmung im Unternehmen herrschte. Warum auch?

Den Willen zur Veränderungsbereitschaft weckte er erst, indem er die wirtschaftliche Lage ehrlich und offen kommunizierte. Er sagte, dass danach die Veränderung »ganz von allein« von der überwiegenden Mehrheit mitgetragen wurde. Und die wenigen, die sich mit der Situation nicht wohlfühlten, packten ihre Sachen und suchten sich ein Unternehmen, das ihre Bedürfnisse besser erfüllte.

Ich fühlte mich in meiner Auffassung bestätigt, dass Kommunikation ein Schlüssel zum Erfolg ist, der kaum mehr kostet als das Ertragen der unbequemen Wahrheiten, aber sehr viel Vorwärtsstreben bringen kann.

Für mich ist tatsächlich nicht mehr die Frage, ob die 15 Prinzipien in allen Branchen, Regionen und Organisationen anwendbar sind – das sind sie definitiv. Entscheidend ist vielmehr das Wie, sprich die bewusste Auseinandersetzung damit, welche Anpassungsschritte es benötigt, um diese anschließend stringent vorzunehmen und umzusetzen.

Denn, wenn Sie nicht abgehängt werden wollen, führt kein Weg mehr an der Transformation über die Phasen BRINGING UP TO PACE über KEEPING THE PACE hin zu SETTING THE PACE vorbei.

Also: Are you ready for MAKING THE PACE und Ihren BETTER BIG SYSTEM CHANGE?

KEY TAKE-OUTS

- Die 15 Prinzipien von MAKING THE PACE lassen sich im Wesentlichen ohne zusätzlichen finanziellen Aufwand umsetzen. Erforderlich sind allerdings Energie, Zeit und vor allem der Mut sowie der unbedingte Wille zur Adaption und Umsetzung.

- Wo Investitionen notwendig sind, sollten sie im Sinne einer Capex-Entscheidung begriffen werden.

- Mitarbeitende, die bisher keine Veränderungsbereitschaft an den Tag gelegt haben, können eine Hürde darstellen, sind jedoch nie ein unüberwindliches Hindernis.

- Der Schlüssel zur Veränderungsbereitschaft für einen BETTER BIG SYSTEM CHANGE ist in erster Linie eine offene und transparente Kommunikation aller Fakten.

- Transformation ist für Unternehmen heute unausweichlich. Es ist die Aufgabe aller Beteiligten, diese organisationsspezifische Transformation möglich zu machen. Und das geht!

JETZT IST DAS GESTERN VON EBEN!

The greatest danger in
times of turbulence is not the
turbulence.
It is to act with yesterday's logic.

Frei nach Peter Drucker,
Österreichisch-US-amerikanischer
Ökonom

Der rasante Wandel der Handels-, Vertriebs- und Marketing-Landschaft ist durchaus vergleichbar mit den Turbulenzen, die Peter Drucker in diesem Zitat anspricht: Angetrieben von unser aller Bedürfnisse als Kunden/Konsumenten und den ständig neuen technologischen Innovationen, diese besser und besser zu bedienen, wird vieles in kürzester Zeit gründlich durcheinander gewirbelt. Für diese neue, sich ständig weiter verändernde Landschaft benötigt es unweigerlich eine neue Landkarte.

Am Anfang dieses Buches habe ich Ihnen geschildert, wie der Wandel im Detail aussieht, was ihn auslöst und ermöglicht. Sie konnten nachvollziehen, warum Unternehmen heutzutage so schnell abgehängt werden und – im Falle einer ausbleibenden Reaktion auf die Veränderung – abgehängt bleiben. Mit stetig wachsender Kluft.

Damit genau das nicht passiert, habe ich Ihnen im zentralen Teil des Buches vorgestellt, wie die Unternehmenslogik für heute und morgen aussehen kann.

Today's and tomorrow's logic

Diese Logik lässt sich in die Bereiche Strategie – Struktur – Führung aufgliedern, die gemeinsam im Dreiklang wirken und sich in jeweils fünf Prinzipien zusammenfassen lassen.

Im Kapitel zu den Prinzipien zur Strategie war es mir wichtig herauszuarbeiten, dass die Strategie kontinuierlich der thematischen und systemischen Vorbereitung und Entwicklung bedarf. Schließlich ist Strategie die Basis für alles Weitere. Sie muss daher umfassend angelegt werden und alle Bereiche der Aufbau- und Ablauforganisation einbeziehen. Darüber hinaus muss sie in verschiedenen Aspekten nachhaltig gestaltet sein. Sie setzt auf generalistisch handelnde Akteure und eine exzellente Orchestrierung über alle Touchpoints der Konsumenten und Kunden hinweg. Um der neuen Komplexität gerecht werden zu können, nutzt sie neben der menschlichen Intelligenz zielgerichtet die KI als smartes Tool.

Die Essenz im Bereich der Struktur ist, dass auch diese unbedingt konsumenten- statt wettbewerbsfokussiert gestaltet werden muss, um die unerlässliche Pionierarbeit zielbewusst leisten zu können. Die neue Komplexität erzwingt, dass Silos aufgebrochen werden müssen und Bereiche in Form von Speedbooten an ihre Stelle treten. Die Entscheidungsgewalt wird in diese Teams verlagert, und die Mitarbeitenden werden entsprechend dazu empowert. Der Ambidextrie wird strukturell Rechnung getragen, um neben den Kernthemen der Strategie kontinuierlich schwache Signale im Markt aufzufangen. Da schwache Signale heutzutage mit exponentieller Geschwindigkeit zu relevanten Trends werden können, stehen sie in den Teams unter konsequenter Beobachtung. So können Trends entweder sinnvoll in die Strategie überführt oder für den Moment verworfen werden.

Im Zusammenspiel mit einer neuen Strategie und Struktur muss sich nicht zuletzt ebenfalls die Führung nach neuen Prinzipien ausrichten. Dieses Leadership erfordert ein Triple-K – Kühnheit im Sein, im Kommunizieren und im Handeln – als wichtige Eigenschaft, um in Zeiten großer Unsicherheit Entscheidungen treffen und beherzt als Role Model vorleben und kommunizieren zu können. Die Kühnheit hilft einem Leader darüber hinaus, stetig den Status quo zu hinterfragen. Ich habe in diesem Kapitel außerdem diskutiert, warum die Integrität eines Leaders noch an Bedeutung gewinnt und ein Kompetenzprofil im T-Format so wichtig ist. Relevant ist außerdem, dass dieses T-Format durch kontinuierliche Weiterentwicklung erhalten und aktuell bleibt. Ganz besonders am Herzen liegt mir das Prinzip, wie Erfolg komplexitätskonform gemessen und honoriert werden kann. Dies ist entscheidend dafür, Erfolg so zu gestalten, dass die Beteiligten entfesselt und empowert werden.

Diese neue Unternehmenslogik in Form der 15 Prinzipien lässt sich über alle Branchen, alle Regionen und alle Organisationen hinweg anwenden, weil sie eines eint: Die zugrunde liegenden Treiber und Mechanismen sind dieselben, unabhängig vom spezifischen Ausgangspunkt.

Jedes Prinzip für sich ist in der Lage, unternehmensunique Wirkkraft zu entfalten, doch der Dreiklang Strategie – Struktur – Führung ist essenziell. Denn im Zusammenspiel aller 15 Prinzipien erst potenziert sie sich auf ihr Maximum.

Ja, und jetzt?

Jetzt liegt es an Ihnen!

Are you ready?

Es liegt an Ihnen, die 15 Prinzipien von MAKING THE PACE in Ihrem ganz eigenen Unternehmensalltag in die Umsetzung zu bringen und die gestrige Logik durch die Logik von heute und morgen zu ersetzen. Machen Sie sich bereit für den kontinuierlichen temporeichen Wandel im Handel, der dahinterliegenden Wertschöpfungskette und in der Gesellschaft!

Ich bin sicher, dass von dem Zeitpunkt an, an dem ich diese Zeilen schreibe, bis zu dem Zeitpunkt, an dem Sie dieses Buch in die Hand genommen und gelesen haben, bereits wieder neue Geschäftsmodelle am Markt aufgetaucht sind, welche die Bedürfnisse von uns Kunden und Konsumenten noch besser bedienen, als die bisherigen. Und dass unsere Ansprüche weiter gestiegen sind. Denn dies ist ein sich gegenseitig befeuernder Prozess: Neue Möglichkeiten geben den Kunden und Konsumenten noch mehr Freiraum, um weitere innovative Opportunitäten auszuprobieren und gegebenenfalls auf Dauer zu nutzen. Ihre Nachfrage und Bereitwilligkeit, auf Neues umzusteigen, zieht in immer kürzerer Zeit immer mehr Angebot nach sich. Die Adaptionsrate an neuartige, überzeugende Technologien ist so schnell wie nie zuvor, die Marktdurchdringung geschieht auf einem neuen Highspeed-Level.

So ist eine Spirale entstanden, deren Tempo sich weiter erhöht. Ein Ende ist nicht abzusehen.

Diesen schnellen Wandel im Markt können Sie für sich nutzen. Denn, um es mit den Worten des französischen Dichters Victor Hugo zu sagen:

Die Zukunft hat viele Namen:
Für die Schwachen ist sie das Unerreichbare,
für die Furchtsamen das Unbekannte,
für die Mutigen die Chance.

Mithilfe der 15 Prinzipien können Sie in Ihrem Unternehmen das nötige dynamische Fundament legen, damit Strategie – Struktur – Führung sich gegenseitig verstärken. Damit versetzen Sie es in die Lage, die Chancen zu nutzen und so Leistung mittels eines neuen stabilen, sich selbstverstärkenden Kontinuums auf Dauer zu erbringen.

Entscheidend ist, dass Sie diese Veränderungen frühzeitig einleiten – und frühzeitig heißt:

Jetzt!

MAKING THE PACE braucht Zeit, Kontinuität und teils auch Geduld, unabhängig davon, wo Sie sich aktuell in ihrer Transformation befinden. Darüber hinaus braucht es PACEMAKER wie Sie, die mit Mut und festem Willen den BETTER BIG SYSTEM CHANGE angehen und gestalten.

In diesem Sinne:

Let's MAKE THE PACE!

ZUSAMMENFASSUNG ALLER 15 PRINZIPIEN

PRINZIP 1: Die Strategie – und sämtliche resultierenden Substrategien – sind allumfassend angelegt, und zwar konsequent.

PRINZIP 2: Die Strategie ist nach den Kriterien der Nachhaltigkeit gestaltet, im ursprünglichen Sinne des Begriffes wie im Sinne von ESG.

PRINZIP 3: Die Strategie setzt auf generalistisch handelnde Mitarbeitende in den Absatzfunktionen.

PRINZIP 4: Die zielgerichtete und wirksame Umsetzung der Strategie über alle Touchpoints erfordert einen wohldurchdachten Implementierungsplan sowie funktionierende Testmechanismen.

PRINZIP 5: Die Strategie begreift KI als wertvolles Mittel zum Zweck und KI-Expertise als höchststrategische Ressource.

PRINZIP 6: Die drei Kernkriterien einer erfolgreichen Teamaufstellung und -komposition sind: Diversifizierung, Diversität und Vernetzung.

PRINZIP 7: Aufbau- und Ablauforganisation werden gemeinsam aufgebrochen und gleichzeitig auf den Markt hin neu ausgerichtet.

PRINZIP 8: Die Führungskräfte gestalten die Orchestrierung und die Ermöglichung der Teamleistung, die Mitarbeitenden agieren in einem eigenen vergrößerten Entscheidungsspielraum.

PRINZIP 9: Das kontinuierliche strukturelle und fachliche Empowerment der Mitarbeitenden ist in der Organisationsstruktur fest verankert.

PRINZIP 10: Mit Exkursionsbooten wird eine strukturierte Vorgehensweise für Themen verankert und gelebt, für die es noch kein Vorgehen gibt.

PRINZIP 11: Leadership braucht ein Triple-K: Kühnheit im Sein, Kühnheit in der Kommunikation und Kühnheit im Handeln.

PRINZIP 12: Leadership erfordert Integrität. Integrität erfordert Werteklarheit, Rückgrat und Bereitschaft zum Nach-Denken und Vor-Denken.

PRINZIP 13: Ein Leader zeichnet sich durch T-Klasse aus: Das Kompetenzprofil weist vertikal eine tiefe fachliche Expertise und horizontal ein ganzheitliches Verständnis für das System auf.

PRINZIP 14: Kontinuierliche persönliche und fachliche Weiterbildung ist Key für Leader von heute und morgen.

PRINZIP 15: Ein durchdachtes KPI-System aus Output- und Input-Faktoren ermöglicht systemische Aktivitätensteuerung und wirkungsvolle Incentivierung des Vorwärtsdrangs.

SHORT CUT VERZEICHNIS

DANKSAGUNG

Wenn mich jemand Anfang 2023 gefragt hätte, ob ich in dem Jahr – neben Beruf, Familie, Freunden, meiner Passion Musik und weiteren Engagements – ein Buch schreiben und veröffentlichen werde, dann hätte ich wohl eher ungläubig geschaut. Wenn mich dagegen jemand gefragt hätte, ob ich das möchte, dann hätte diese Person aber durchaus eine Idee angesprochen, die seit einiger Zeit in mir keimte – spätestens nachdem ein guter Freund und Mentor diesen Gedanken geäußert hatte. Denn im Unternehmen, in Verbänden und Netzwerken, als Key Note Speaker oder Blogpostschreiber Wissen zu multiplizieren, Impulse zu geben und selbst wiederum Anregungen zu bekommen, ist etwas, dass mir seit Jahren Spaß macht. Immer mit der Ambition, Fortschritt zu gestalten, der Wert stiftet und einen bleibenden Unterschied macht.

Im Frühjahr 2023 jedoch, nach einem ersten Quartal voller Beobachtungen, Analysen und Gesprächen zur wirtschaftlichen Gesamtsituation und im beruflichen Kontext wurde mir klar, dass ein dringender Bedarf für ein Buch mit diesen Ambitionen besteht. Sollte ich mich angesichts dieser Dringlichkeit wirklich weiterhin zurückhalten? Und so kam es, dass ich mich doch auf den Weg gemacht habe, meine Buchkonzeptidee in die Umsetzung zu bringen.

Zunächst diskutierte ich mein Konzept und die ersten Kapitel nur im engsten Zirkel. Doch siehe da: Mit je mehr Menschen ich sie teilte, umso mehr positive Stimmen und mich weiter motivierende Reaktionen sowie Unterstützung vernahm ich.

An dieser Stelle möchte ich jeder Einzelnen und jedem Einzelnen dafür vom Herzen danken. Ihr und Euer Feedback hat meinen Gedanken und diesem sehr persönlichen Buch den finalen Touch gegeben. Explizit hervorheben möchte ich hier vor allem Brigitte, Anja, Christine, Heike, Andrea, Uwe, Friederike, Alex, Susan, Martina sowie Petra und meinen Eltern. Und natürlich möchte ich auch jenen danken, die mich in diesem Unterfangen persönlich bestärkt und die Begeisterung geteilt haben: Nicola, Julia, Elly, Brian, Cristiana, Åsa, Felix und Juri, um nur einige zu nennen. Darüber hinaus zudem dem Team des Vahlen Verlags, das von Anbeginn an begeisterter Mitstreiter war und mir gleichzeitig viele Freiheiten gelassen hat.

Nicht zuletzt möchte ich vielen Dank im Voraus sagen für alle Anregungen, Gedanken und eigenen Erfahrungsberichte von Ihnen – für den Fall, dass Sie diese getreu des Prinzips 11 kühn mit mir teilen möchten. Hierfür erreichen Sie mich gerne über email@makingthepace.com.

Ich freue mich, mit Ihnen in den Kontakt und Austausch zu gehen!

LESEEMPFEHLUNGEN

Stone, Brad: The Everything Store: Jeff Bezos and the Age of Amazon. Corgi, London 2014

Chen, Guoli; Li, Jianggan: Seeing the Unseen: Behind Chinese Tech Giants' Global Venturing (ungekürztes Hörbuch). Ascent Audio, North Englewood 2023

Dewar, Carolin; Kellar, Scott: CEO Excellence: The Six Mindsets That Distinguish the Best Leaders from the Rest. Scribner, New York 2022

Dunford, April: Obviously Awesome: How to Nail Product Positioning so Customers Get It, Buy It, Love It (ungekürztes Hörbuch). Ambient Press, USA 2020

Hofstede, Geert: Culture's Consequences – Comparing Values, Behaviors, Institutions and Organizations Across Nations. 2. Auflage. Thousand Oaks, London/Neu-Delhi 2001

Iansiti, Marco; Lakhani, Karim R.: Competing in the Age of AI (ungekürztes Hörbuch). Gildan Media, Old Saybrook 2020

Laloux, Frederic: Reinventing Organizations visuell. Verlag Franz Vahlen, München 2017

Minnaar, Joost; De Morree, Pim: Corporate Rebels: Make work more fun (ungekürztes Hörbuch). Joost Minaar, Eindhoven 2020

Pink, Daniel H.: Drive: The Surprising Truth About What Motivates Us (ungekürztes Hörbuch). Penguin Audio, New York 2009

Polman, Paul, Winston, Andrew: Net Positive. Harvard Business Review Press, Boston 2021

Rometti, Ginny: Good Power: Leading Positive Change in Our Lives, Work, and World (ungekürztes Hörbuch). Ascent Audio, North Englewood 2023

Scott, Kim: Radical Candor: How to Get What You Want by Saying What You Mean: How to be a great boss without losing your humanity. St. Martin's Press, New York 2017

Senge, Peter M.: The Fifth Discipline: The Art & Practice of the Learning Organization. Crown Business, New York 2006

ÜBER DIE AUTORIN

Fiona Liebehenz weiß, wovon sie spricht: Sie hat Vertrieb, Marketing und Handel von der Pike auf gelernt, sie kennt die Produzenten- wie die Händlerseite. Früh entdeckte sie ihre Begeisterung für Strategie und dessen nachhaltige Umsetzung, für ganzheitliches Denken der Sales-/Marketingfunktion und für Innovation.

Sie startete ihre Karriere 2006 bei Unilever, einem der größten Konsumgüterhersteller, wo sie sich als eine der Ersten mit den Themen Digitalisierung und E-Commerce befasste. Nachdem sie schnell bis zum »Category Leader« für Home Care aufgestiegen war, zog es die studierte Wirtschaftspsychologin und Betriebswirtschaftlerin 2017 zunächst zum Handels- und Technologie-Riesen Amazon, wo sie als »Head of Vendor Management« neue Maßstäbe setzte. Ein Weg, den sie als »Vice President International Key Account« beim Industrieunternehmen Bosch Power Tools fortsetzte und anschließend 2023 unternehmensübergreifend als »Global Vice President Strategic Growth Acceleration« verantwortlich war für das konzernweite Wachstumsprogramm mit Fokus auf die Ausschöpfung zukunftsweisender Geschäftschancen. Zum Zeitpunkt des Erscheinens des Buches wirkt sie als globaler »Vice President Processing Channel Management & Key Components« bei Tetra Pak, dem globalen Marktführer für Lösungen für das Verarbeiten und Verpacken von Lebensmitteln. Hier verantwortet sie mit ihrem Team einen der weltweiten Geschäftsbereiche für die industrielle Lebensmittelverarbeitung.

Das Motto der gebürtigen Hamburgerin ist »If you can dream it, you can do it«. Ihre Motivation: einen Fortschritt gestalten, der Wert und Sinn stiftet und für den Diversität und Menschen essenzielle Faktoren sind.

Fortschritt gestaltet sie zudem im Wirtschaftsbeirat der Gesellschaft für Informatik, als Mentorin, in diversen Netzwerken sowie als Key-Note-Speakerin für ihre Leidenschaftsthemen Leadership, Commerce 4.0, KI, Marketing und Sales.

Privat liebt Fiona Musik. Sie spielt selbst Schlagzeug – ein Instrument, das ihrer Persönlichkeit sehr entspricht: auf der einen Seite mutig Tempo und Takt vorgeben, auf der anderen Seite im intensiven Austausch mit ihren Mitspielern gemeinsam einen großartigen Sound mit bleibendem Klang zu schaffen.